高等职业院校教学改革创新精品教材·数字媒体系

After Effects 影视特效与合成实例教程（第2版）

柯　健　周德富　主　编

戴敏利　王海波　副主编

电子工业出版社

Publishing House of Electronics Industry

北京·BEIJING

内 容 简 介

本书通过 45 个实例系统地介绍了 After Effects 2020 影视特效与合成的制作技术，理论讲解简洁实用，实例贴近项目实战。全书内容分四大篇共 10 章：第一篇为基础篇，讲解基础知识、图层应用和蒙版应用；第二篇为合成篇，讲解调色、抠像、跟踪和三维合成；第三篇为特效篇，讲解文字特效、粒子特效；第四篇为综合实例篇，介绍了两个综合实例。

本书内容丰富、结构严谨、实例新颖，配套资源包括书中所有实例的工程文件和素材，不仅可以作为高职高专院校相关专业的教材，同时也适合 After Effects 的初中级用户学习，对从事影视后期制作的人员也有较高的参考价值。

图书在版编目（CIP）数据

After Effects 影视特效与合成实例教程 / 柯健，周德富主编. —2 版. —北京：电子工业出版社，2020.12
ISBN 978-7-121-38919-1

Ⅰ. ①A… Ⅱ. ①柯… ②周… Ⅲ. ①图象处理软件－高等学校－教材 Ⅳ. ①TP391.413

中国版本图书馆 CIP 数据核字（2020）第 052597 号

责任编辑：左　雅
印　　刷：北京七彩京通数码快印有限公司
装　　订：北京七彩京通数码快印有限公司
出版发行：电子工业出版社
　　　　　北京市海淀区万寿路 173 信箱　邮编　100036
开　　本：787×1 092　1/16　印张：17.25　字数：442 千字
版　　次：2016 年 5 月第 1 版
　　　　　2020 年 12 月第 2 版
印　　次：2024 年 12 月第 8 次印刷
定　　价：55.00 元

凡所购买电子工业出版社图书有缺损问题，请向购买书店调换。若书店售缺，请与本社发行部联系，联系及邮购电话：（010）88254888，88258888。

质量投诉请发邮件至 zlts@phei.com.cn，盗版侵权举报请发邮件至 dbqq@phei.com.cn。

本书咨询联系方式：（010）88254580，zuoya@phei.com.cn。

目前，我国很多高职院校的影视类专业、数字媒体类专业、动漫设计与制作专业、计算机多媒体专业等都开设了"影视特效与合成"这一类专业课程。为了帮助高职院校的教师全面系统地讲授这门课程，长期在高职院校从事该课程教学的教师和企业相关专家共同编写了本书。

本书是一本讲授影视特效制作及合成技术的实用教材，全书内容丰富、实例新颖、讲解详细。本书在第 1 版的基础上加以改进，首先，采用最新的 After Effects 2020 对所有实例重新制作编写；其次，因为新版软件不再提供调色插件 Color Finesse，因此针对这部分内容进行了调整；最后，删减了部分章节知识点中有重复的或难度较大的实例，增加了 VR 合成编辑器相关内容。全书内容分为四大篇共 10 章，其中第一篇为基础篇，共 3 章。第 1 章介绍了与影视后期相关的基础知识、After Effects 工作界面和工作流程，以及素材导入管理和影片渲染输出的方法。第 2 章介绍了图层混合模式、关键帧动画基础及合成嵌套、图层之间的父子关系。第 3 章介绍了蒙版的基础知识，以及使用矩形、钢笔等工具绘制矢量图形并把绘制的路径跟效果结合使用的方法。第二篇为合成篇，共 4 章。第 4 章介绍了调色理论，以及使用 After Effects 内置工具和 After Effects 调色插件 Magic Bullet Looks 进行颜色校正及创意调色的方法。第 5 章介绍了多种抠像方法的原理，以及使用遮罩、蒙版、键控、Rotoscoping 进行抠像的方法。第 6 章介绍了跟踪技术，包括单点跟踪、两点跟踪、四点跟踪、相框跟踪、摄像机跟踪。第 7 章介绍了三维空间的知识、灯光的使用及摄像机动画的制作。第三篇为特效篇，共 2 章。第 8 章介绍了文字层的创建、文字动画和几种文字特效的制作。第 9 章介绍了 Particular 粒子插件，以及如何使用粒子插件制作下雪、拖尾等效果。第四篇为综合实例篇，共 1 章。第 10 章介绍了使用 VR 合成编辑器进行 360°全景合成的方法，以及综合使用摄像机跟踪软件 Boujou、三维软件 Maya、After Effects 进行抠像跟踪合成的方法。

本书在体系结构上按照以课程知识点为经、以实例为纬进行编排。全书结构严谨、循序渐进，各章节的内容安排按照影视特效与合成的工作流程而设定，章内容前后关联紧密，各有侧重，互为补充。

本书强调实例教学，更强调以实例体现知识点，可以避免因单纯强调实例而造成的知识体系不完整。"只见树木，不见森林"，这是很多实例教材的弊端。本书实例新颖、实用性强。本书由一线老师与企业专家联合编写，每个案例均经过精心挑选，既能体现章节的知识点，又有一定的实际商用价值，避免了纯粹为了讲解知识点而编造实例的情况。

本书内容丰富、图文并茂，从易教易学的目标出发，用丰富的图例、通俗易懂的语言生动详细地介绍了影视特效的制作及合成方法。

本书配套资源齐全，包含全书实例的素材及工程文件，还配备了 PPT 课件便于教师的教学和学生的学习，请登录华信教育资源网（www.hxedu.com.cn）注册后免费下载。针对书中重点知识点和实例，配套了 27 段微课视频，请扫描书中二维码观看学习。

本书作为校企合作教材，由高职院校一线教师、苏州旭升影业有限公司、苏州斯派索数码影像设计公司共同研究教学大纲，完成教材内容的编写。本书由柯健、周德富担任主编，由戴敏利、王海波担任副主编。全书由苏州市职业大学柯健策划并统稿。其中，苏州市职业大学戴敏利编写了第 1、2 章，苏州旭升影业有限公司王海波编写了第 3 章，柯健编写了第 4～10 章，苏州斯派索数码影像设计公司古明星在编写过程中提供了技术支持及修改意见，本书完成后由苏州市职业大学周德富审定。本书在编写过程中得到了苏州市职业大学教务处和电子工业出版社有限公司的指导和帮助，在此表示衷心感谢，也感谢田凤秋、刘畅、杨永娟、杨静波等老师在编写过程中提供的各种支持。最后，感谢父母与家人的默默支持，才能让本书得以完稿。

本书在编写过程中参考了书后所附参考文献的部分内容，在此向原作者表示衷心感谢。由于编者水平有限，加上时间仓促，书中难免有疏漏错误之处，恳请读者和专家批评指正。

编　者

第一篇　基础篇

第1章　基础知识 ……………………………………………………………… 2

1.1　影视特效与合成简介 ………………………………………………… 2

1.2　基本概念 …………………………………………………………… 3

  1.2.1　电视制式 …………………………………………………… 3

  1.2.2　视频编码 …………………………………………………… 4

  1.2.3　视频格式 …………………………………………………… 6

  1.2.4　图像格式 …………………………………………………… 6

  1.2.5　音频格式 …………………………………………………… 6

1.3　After Effects 的工作界面 …………………………………………… 7

1.4　After Effects 的工作流程 …………………………………………… 8

1.5　素材导入及管理 …………………………………………………… 8

  1.5.1　素材导入 …………………………………………………… 8

  1.5.2　素材管理 …………………………………………………… 10

  1.5.3　项目管理 …………………………………………………… 11

1.6　影片渲染与输出 …………………………………………………… 11

  1.6.1　渲染队列输出视频 ………………………………………… 12

  1.6.2　渲染输出图像序列 ………………………………………… 15

  1.6.3　渲染输出单帧 ……………………………………………… 16

  1.6.4　Media Encoder 输出 ……………………………………… 16

第2章　图层应用 ……………………………………………………………… 17

2.1　基本概念 …………………………………………………………… 17

2.2　图层操作 …………………………………………………………… 19

2.3　图层混合模式 ……………………………………………………… 19

  2.3.1　图层混合模式概述 ………………………………………… 19

  2.3.2　边学边做：变亮组混合模式应用 ………………………… 21

  2.3.3　边学边做：变暗组混合模式应用 ………………………… 23

  2.3.4　边学边做：叠加组混合模式应用 ………………………… 24

2.3.5 边学边做：颜色组混合模式应用 …………………………………………… 25

2.4 关键帧动画基础 ……………………………………………………………………… 26

2.5 边学边做：爬行的瓢虫 ……………………………………………………………… 28

2.6 典型应用：鱼戏莲叶间 ……………………………………………………………… 32

    2.6.1 制作鱼尾摆动效果 …………………………………………………………… 33

    2.6.2 制作金鱼游动动画 …………………………………………………………… 35

2.7 典型应用：指间照片 ………………………………………………………………… 36

    2.7.1 照片合成 ……………………………………………………………………… 37

    2.7.2 关键帧动画 …………………………………………………………………… 39

2.8 典型应用：天使 ……………………………………………………………………… 41

2.9 典型应用：霓裳丽人 ………………………………………………………………… 44

    2.9.1 制作背景 ……………………………………………………………………… 46

    2.9.2 关键帧动画 …………………………………………………………………… 47

    2.9.3 关键帧插值 …………………………………………………………………… 59

    2.9.4 运动模糊 ……………………………………………………………………… 59

第3章 蒙版应用 …………………………………………………………………………… 61

3.1 初步了解蒙版 ………………………………………………………………………… 61

3.2 蒙版的属性及模式 …………………………………………………………………… 62

    3.2.1 蒙版属性 ……………………………………………………………………… 62

    3.2.2 蒙版模式 ……………………………………………………………………… 62

3.3 边学边做：云间城堡 ………………………………………………………………… 65

3.4 典型应用：移走迷宫 ………………………………………………………………… 67

    3.4.1 创建吃豆人 …………………………………………………………………… 67

    3.4.2 创建怪物 ……………………………………………………………………… 69

    3.4.3 创建背景 ……………………………………………………………………… 70

    3.4.4 制作动画 ……………………………………………………………………… 73

第二篇 合成篇

第4章 调色 ………………………………………………………………………………… 78

4.1 色彩基础 ……………………………………………………………………………… 78

4.2 边学边做：调整亮度 ………………………………………………………………… 79

4.3 边学边做：校正颜色 ………………………………………………………………… 81

    4.3.1 校正白平衡 …………………………………………………………………… 81

    4.3.2 调整曝光 ……………………………………………………………………… 84

    4.3.3 调整饱和度 …………………………………………………………………… 87

4.3.4 边角压暗 ·· 87

4.4 边学边做：二级调色 ·· 88

4.4.1 分离前景 ·· 89

4.4.2 虚化背景 ·· 90

4.5 典型应用：创意调色 ·· 91

4.5.1 调暗场景 ·· 91

4.5.2 创建车灯效果 ·· 93

4.6 典型应用：Magic Bullet Looks ······························ 95

4.6.1 调整亮度 ·· 96

4.6.2 调整阴影 ·· 99

4.6.3 调整高光 ··· 100

4.6.4 校正颜色 ··· 102

4.6.5 创意调色 ··· 106

第 5 章 抠像 ·· 111

5.1 典型应用：超人起飞 ··· 111

5.1.1 制作背景 ··· 111

5.1.2 超人跳起效果 ··· 112

5.1.3 超人落下效果 ··· 114

5.1.4 后期处理 ··· 115

5.2 典型应用：肌肤美容 ··· 116

5.2.1 创建亮度遮罩 ··· 116

5.2.2 光滑皮肤 ··· 117

5.2.3 后期修正 ··· 118

5.3 典型应用：静帧人物合成 ····································· 119

5.3.1 Keylight 键控抠像 ··· 119

5.3.2 加亮头发 ··· 120

5.3.3 虚化背景 ··· 122

5.4 典型应用：三维场景合成 ····································· 122

5.4.1 Keylight 键控抠像 ··· 123

5.4.2 CG 场景合成 ·· 125

5.5 典型应用：刺客信条 ··· 128

5.5.1 Rotoscoping 抠像 ·· 128

5.5.2 场景合成 ··· 130

5.6 综合实例：飞来横祸 ··· 130

5.6.1 素材对位 ·· 130

5.6.2 人物抠像 ·· 131

5.6.3 人被撞飞效果 ·· 133

5.6.4 车头碰撞效果 ·· 134

第6章 跟踪 ··· 138

6.1 边学边做：跟踪合成火球 ···································· 138

6.1.1 素材处理 ·· 138

6.1.2 单点跟踪 ·· 139

6.2 边学边做：战火硝烟 ·· 141

6.2.1 两点跟踪 ·· 141

6.2.2 后期合成 ·· 142

6.3 边学边做：壁挂电视 ·· 145

6.3.1 四点跟踪 ·· 145

6.3.2 边缘融合 ·· 147

6.4 典型应用：玩转相框 ·· 148

6.4.1 Mocha 相框跟踪 ·· 148

6.4.2 导入跟踪数据 ··· 150

6.5 典型应用：恶魔岛 ··· 151

6.5.1 3D Camera Tracker 跟踪 ································· 151

6.5.2 后期合成 ·· 153

第7章 三维合成 ··· 156

7.1 三维图层 ··· 156

7.2 灯光的使用 ·· 157

7.2.1 灯光的创建及参数设置 ···································· 157

7.2.2 边学边做：阴影 ··· 158

7.3 摄像机的使用 ·· 159

7.3.1 摄像机的创建及参数设置 ·································· 159

7.3.2 摄像机工具 ·· 160

7.3.3 边学边做：穿越云端 ······································ 161

7.4 综合实例 ··· 164

7.4.1 典型应用：水中倒影 ······································ 164

7.4.2 典型应用：立体照片 ······································ 167

7.4.3 典型应用：蝶恋花 ·· 171

第三篇　特效篇

第8章　文字特效 ································ 178

8.1　创建文本及设置 ······························ 178

8.2　文本动画 ·· 179

　8.2.1　文本参数 ································ 179

　8.2.2　典型应用：粒子文字 ················ 181

8.3　文字特效 ·· 191

　8.3.1　典型应用：书法字 ·················· 191

　8.3.2　典型应用：烟飘文字 ················ 193

　8.3.3　典型应用：剥落文字 ················ 197

　8.3.4　典型应用：破碎文字 ················ 203

第9章　粒子特效 ································ 210

9.1　粒子插件 ·· 210

9.2　边学边做：圣诞树 ···························· 215

　9.2.1　创建圣诞树 ···························· 215

　9.2.2　创建星光 ······························ 218

　9.2.3　制作下雪效果 ························· 220

9.3　典型应用：唯美粒子片头 ·················· 221

　9.3.1　制作圆形轨迹 ························· 221

　9.3.2　制作拖尾 ······························ 222

　9.3.3　制作梦幻粒子 ························· 224

　9.3.4　制作定版文字 ························· 225

9.4　典型应用：粒子出字 ························· 226

　9.4.1　制作光晕动画 ························· 226

　9.4.2　制作粒子效果 ························· 228

　9.4.3　制作粒子线条效果 ··················· 230

　9.4.4　制作云雾效果 ························· 232

　9.4.5　颜色调整 ······························ 234

　9.4.6　制作定版文字 ························· 235

第四篇　综合实例篇

第10章　综合实例 ······························ 238

10.1　综合实例：360°全景合成 ················ 238

　10.1.1　清理场景 ···························· 238

　10.1.2　后期合成 ···························· 241

　　　　10.1.3　VR 体验 ·· 245
　　10.2　综合实例：真人拍摄与 CG 合成 ···························· 245
　　　　10.2.1　素材预处理 ··· 246
　　　　10.2.2　绿屏抠像 ··· 246
　　　　10.2.3　细节处理 ··· 247
　　　　10.2.4　Boujou 跟踪 ·· 249
　　　　10.2.5　三维场景合成 ··· 254
　　　　10.2.6　后期合成 ··· 259
参考文献 ··· 265

第一篇
基　础　篇

第1章 基础知识

本章学习目标

◆ 了解几种常见的电视制式。

◆ 了解视频编码、视频格式的概念，以及它们之间的区别。

◆ 熟悉常用的图像、音频、视频格式。

◆ 熟悉 After Effects 工作界面及工作流程。

◆ 掌握几种不同类型的素材的导入方法。

◆ 掌握渲染参数设置，以及视频、图像序列、单帧图像的输出方法。

1.1 影视特效与合成简介

在影视作品中，人工制造出来的假象和幻觉，被称为影视特效。影视摄制者利用它们避免让演员处于危险的境地、减少电影电视的制作成本，或者只是利用它们来让电影、电视更加扣人心弦。在早期影视拍摄中，经常会使用人、怪物、建筑物等微型模型，来实现影视作品中的特效。现在伴随着计算机图形学技术的发展，影视特效的制作速度和质量有了巨大的进步，制作者可以在计算机中完成更加细腻、真实、震撼的画面效果，比如可以使用三维软件来制作风雨雷电、山崩地裂、幽灵出没、异形、房屋倒塌、火山爆发、海啸等用实际拍摄或道具无法完成的效果。《霍比特人 3：五军之战》中的特效场景如图 1-1 和图 1-2 所示。

图 1-1   图 1-2

后期合成是将实拍内容、三维软件渲染的素材进行叠加，组成一个新的场景，得到最终的效果。《美国队长 2：冬日战士》中的合成场景如图 1-3～图 1-5 所示。

图 1-3　　　　　　　　　　　　　　　　图 1-4

图 1-5

1.2　基本概念

1.2.1　电视制式

电视信号的标准简称为制式，可以简单地理解为用来实现电视图像或声音信号所采用的一种技术标准。电视制式的区别主要在于其帧频的不同、分辨率的不同、信号带宽及载频的不同、色彩空间的转换关系不同等。

国际上主要有三种常用制式。

第一种是正交平衡调幅制——National Television Systems Committee（美国全国电视系统委员会），简称为 NTSC 制，采用这种制式的国家有美国、加拿大、日本等。NTSC 制的帧频为 29.97 帧/秒，每帧 525 行 262 线，标准分辨率为 720 像素×480 像素。

第二种是正交平衡调幅逐行倒相制——Phase Alternative Line（逐行倒相），简称为 PAL 制，采用这种制式的国家有中国、德国、英国和一些西北欧国家。PAL 制的帧频为 25 帧/秒，每帧 625 行 312 线，标准分辨率为 720 像素×576 像素。

第三种是行轮换调频制——（法语）Sequential Coleur A Memoire（顺序传送与存储彩色），简称为 SECAM 制，采用这种制式的国家有法国、俄罗斯和东欧一些国家。

只有遵循一样的技术标准，才能实现电视机正常接收电视信号，播放电视节目。因此在制作过程中，如果影片针对的是中国市场，在 After Effects 中进行合成的时候，就要建立 PAL 制的文件；如果是针对美国市场，就要建立 NTSC 制的文件。

1.2.2　视频编码

在制作影片的时候，经常会发现有些视频文件无法导入软件中进行编辑，一般情况下，这些问题是由于软件不支持视频文件的编码而引起的。那么什么是编码呢？编码其实就是一种压缩标准，视频文件一般在播放前都要根据需要进行必要的压缩，未经压缩的视频文件的数据量会非常庞大，会带来存储、传输等方面的问题。

这里以 1 秒钟的 PAL 制视频为例，来解释说明未经压缩的视频在理论上的数据量。PAL 制的帧速率为 25 帧/秒，即每秒播放 25 个画面，分辨率为 720 像素×576 像素，每个像素的 RGB 值为 24bit，那么 1 秒钟的数据量为 25×720×576×24÷8÷1024÷1024≈29MB，1 小时的数据量约为 104GB，可以看到数据量非常惊人，因此有必要对视频进行压缩。这里所说的压缩，就是一个编码的过程，编码算法的好坏可以从这几方面来衡量：一是压缩比是否高，二是画面质量是否清晰，三是编码解码速度是否快。一般情况下很难全部达到这三个要求，这时需要综合考虑。

目前视频编码主要有国际电信联盟（ITU）制定的 H.261、H.263、H.264、H.265 等标准，运动图像专家组（Moving Picture Expert Group，MPEG）和国际标准化组织（ISO）制定的 MPEG 系列标准，以及 Apple 公司、Microsoft 公司等一些有影响力的大企业推出的编码标准。下面对一些比较常用的编码标准做一下简单介绍。

（1）MPEG-1。MPEG-1 是 MPEG 组织制定的第一个视频和音频的有损压缩标准。1992 年底，MPEG-1 正式被批准成为国际标准。MPEG-1 是为 CD 光碟介质定制的视频和音频压缩格式。一张 70 分钟的 CD 光碟传输速率大约在 1.4Mb/s。MPEG-1 曾经是 VCD 的主要压缩标准，适用于不同带宽的设备，如 CD-ROM、Video-CD、CD-I。

MPEG-1 存在着诸多不足。一是压缩比还不够大，在多路监控情况下，录像所要求的磁盘空间过大。二是图像清晰度还不够高，由于 MPEG-1 最大清晰度仅为 352 像素×288 像素，考虑到容量、模拟数字量化损失等其他因素，回放清晰度不高，这也是市场反应的主要问题。三是对传输图像的带宽有一定的要求，不适合网络传输，尤其是在常用的低带宽网络上无法实现远程多路视频传送。四是 MPEG-1 的录像帧数固定为 25 帧/秒，不能丢帧录像，使用灵活性较差。

（2）MPEG-2。与 MPEG-1 标准相比，MPEG-2 标准具有更高的图像质量、更多的图像格式和传输码率。MPEG-2 标准不是 MPEG-1 的简单升级，而是在传输和系统方面做了更加详细的规定和进一步的完善，针对的是标准数字电视和高清晰电视在各种应用下的压缩方案，编码率为 3Mb/s～10Mb/s。

MPEG-2 可提供一个较广的范围改变压缩比，以适应不同画面质量、存储容量及带宽的要求。MPEG-2 标准特别适用于广播质量的数字电视的编码和传送，被应用于无线数字电视、DVB（Digital Video Broadcasting，数字视频广播）、数字卫星电视、DVD（Digital Video Disk，数字化视频光盘）等技术中。

（3）MPEG-4。MPEG-4 是为移动通信设备在 Internet 上实时传输音视频信号而制定的低速率、高压缩比的音视频编码标准。MPEG-4 标准是面向对象的压缩方式，不是像 MPEG-1 和 MPEG-2 那样简单地将图像分为一些像块，而是根据图像的内容，将其中的对象（物体、人物、背景）分离出来，分别进行帧内、帧间编码，并允许在不同的对象之间灵活分配码率，对重要的对象分配较多的字节，对次要的对象分配较少的字节，从而大大提高了压缩比，在较低的码率下获得较好的效果。MPEG-4 支持 MPEG-1、MPEG-2 中大多数功能，提供不同的视频标准源格式、码率、帧频下矩形图形图像的有效编码。总之，MPEG-4 有三个方面的优势：①具有很好的兼容性；②相比其他算法能提供更好的压缩比，最高达 200∶1；③在提供高压缩比的同时，对数据的损失很小。所以，MPEG-4 的应用能大幅度地降低录像存储容量，获得较高的录像清晰度，特别适用于长时间实时录像的需求，同时具备在低带宽上优良的网络传输能力。

（4）H.264。H.264 是继 MPEG-4 之后的新一代数字视频压缩格式，是 ITU 以 H.26x 系列为名称命名的视频编解码技术标准之一，是 ITU 的 VCEG（视频编码专家组）和 ISO/IEC 的 MPEG 组建的联合视频组（Joint Video Team，JVT）共同开发的一个数字视频编码标准。

国际上制定视频编解码技术的组织主要有两个，一个是国际电信联盟（ITU），它制定的标准有 H.261、H.263、H.264、H.265 等。另一个是国际标准化组织（ISO），它制定的标准有 MPEG-1、MPEG-2、MPEG-4 等。而 H.264 则是由两个组织联合组建的联合视频组（JVT）共同制定的新数字视频编码标准，所以它既是 ITU 的 H.264，又是 ISO/IEC 的 MPEG-4 高级视频编码（Advanced Video Coding，AVC）的第 10 部分。因此，不论是 MPEG-4 AVC、MPEG-4 Part 10，还是 ISO/IEC 14496-10，都是指 H.264。

H.264 标准的优势有以下几个方面。

① 低码率：和 MPEG-2 和 MPEG-4 等压缩技术相比，在同等图像质量下，H.264 的压缩比是 MPEG-2 的 2 倍以上，是 MPEG-4 的 1.5～2 倍。

② 高质量的图像：H.264 能提供连续、流畅的高质量图像。

③ 容错能力强：H.264 提供了解决在不稳定网络环境下容易发生的丢包等错误的必要工具。

④ 网络适应性强：H.264 提供了网络抽象层，使得 H.264 的文件能容易地在不同网络上传输，如 Internet、CDMA、GPRS、WCDMA、CDMA2000 等。

正因为 H.264 在具有高压缩比的同时还拥有高质量流畅的图像，所以经过 H.264 压缩的视频数据，在网络传输过程中所需要的带宽更少，也更加经济。目前 H.264 是广泛使用的编码压缩技术。

（5）H.265。H.265 是 ITU VCEG 继 H.264 之后所制定的新的视频编码标准。H.265 标准围绕着现有的视频编码标准 H.264，保留原来的某些技术，同时对一些相关的技术加以改进，用以改善码流、编码质量、延时和算法复杂度之间的关系，达到最优化设置。H.264 由于算法优化，可以低于 1Mb/s 的速度实现标清数字图像传送；H.265 则可以利用 1～2Mb/s 的传输速度实现 720P（分辨率 1280 像素×720 像素）普通高清音视频传送。

ITU 在 2013 年正式批准通过了 H.265/HEVC 标准，该标准全称为高效视频编码（High Efficiency Video Coding）。H.265/HEVC 的编码架构大致上和 H.264/AVC 相似，比起 H.264/AVC，H.265/HEVC 提供了更多不同的工具来降低码率，在相同的图像质量下，相比于 H.264，通过 H.265 编码的视频文件大小将减少大约 39～44%。

目前有线电视和数字电视广播主要采用的仍旧是 MPEG-2 标准，但从长远角度看，H.265 标准将会成为超高清电视（UHDTV）的 4K 和 8K 分辨率的选择。

1.2.3　视频格式

下面介绍 After Effects 常用的一些视频格式。

（1）MOV：Apple 公司制定的视频格式，可用于 Mac 及 PC。MOV 格式能被大多数视频编辑合成软件所识别，具有文件容量小、质量高的特点。在 PC 上使用时需要安装 Windows 版的播放器 QuickTime Player。

（2）AVI：Microsoft 公司制定的一种视频格式，它的优点是视频质量高，缺点是文件太大，而且由于不同的公司和组织提供了非常多的编码方式，导致采用 AVI 格式的压缩标准不统一，经常会出现 AVI 格式文件无法导入进行编辑的情况。

（3）WMV：Microsoft 公司制定的主要用于网络的视频格式，它具有高压缩比，而且与视频编辑软件的兼容性也比较好，它的缺点是视频质量不够高。

（4）MPEG：用于 VCD、DVD 等的编码格式，应用比较广泛，但由于其编码不是针对视频编辑的，在进行视频编辑时容易出现问题。

1.2.4　图像格式

（1）JPG：这是一种使用非常广泛的图像压缩格式，它的优点是体积小巧，兼容性好，能被大部分软件识别；缺点是压缩比较严重，而且不支持透明信息。

（2）PNG：可移植网络图像格式，开发这种格式的目的是试图替代 GIF 格式。它的特点是压缩比高，并且支持透明信息。

（3）PSD：Adobe Photoshop 软件的专用格式，这种格式可以存储图层、Alpha 通道等信息，与 After Effects 软件可进行无缝结合。

（4）TIFF：一种主要用来存储包括照片和艺术图在内的图像文件格式，它最初由 Aldus 公司与 Microsoft 公司一起为 PostScript 打印开发，被广泛地应用于对图像质量较高的图像存储和转换，可存储 Alpha 通道等信息。

（5）TGA：TrueVision 公司开发的一种图像文件格式，被图形、图像工业广泛接受。TGA 格式使用不失真的压缩算法，可生成高质量的图像文件，并且支持透明信息，是计算机生成的图像向电视转换的首选格式。

1.2.5　音频格式

（1）WAV：Microsoft 公司开发的一种声音文件格式，被 Windows 平台及其应用程序广泛支持，标准格式化的 WAV 文件和 CD 格式一样，也是 44.1kHz 的取样频率，16 位量化位数，因此声音文件质量和 CD 相差无几，但是它的文件体积很大。

（2）MP3：一种有损压缩声音文件格式，对高频部分加大压缩比，对低频部分使用小压缩比，其压缩率可以达到 1∶10 甚至 1∶12。MP3 文件较小，音质也不错，在网络上广泛流行。

（3）WMA：Microsoft 公司力推的一种音频格式，其压缩率一般可以达到 1∶18，生成的文件大小只有相应 MP3 文件的一半，而音质不变。

1.3 After Effects 的工作界面

After Effects 软件界面被划分成多个大小不一的区域，这些区域通常称为窗口，每个窗口负责相应的功能和实现不同的效果，如图 1-6 所示。

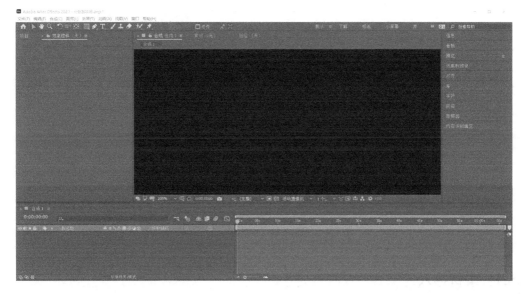

图 1-6

1. 项目窗口

用于存放和管理素材及合成的窗口，所有用于合成的素材必须先导入项目窗口中，用户可以在项目窗口对素材及合成进行分类管理。

2. 素材窗口

在项目窗口中双击某个素材，可以打开素材窗口，在素材窗口中查看素材。

3. 合成窗口

合成窗口主要有两个功能，一是预览合成效果，二是使用工具栏中的工具在合成窗口中对影片进行编辑。

4. 时间轴窗口

时间轴窗口可以实现对合成中图层的管理，也可以实现对图层参数和动画关键帧的设置，是最为重要的一个工作窗口。时间轴窗口与合成窗口关系密切，素材在时间轴窗口进行制作处理，而图像同时在合成窗口中显示。

5. 图层窗口

在时间轴窗口中双击某个图层，可以将此图层在图层窗口中显示。

6. 效果和预设窗口

该窗口包含了 After Effects 中的所有效果，并且带有很多动画预设，这些动画预设用户可以直接使用，非常方便。

7．效果控件窗口

该窗口主要用于修改效果参数。时间轴窗口也能显示效果参数，但是仅限于部分参数，而效果控件窗口是完整的效果参数操作控制窗口。

8．预览窗口

主要用于控制影片播放的窗口。

1.4　After Effects 的工作流程

After Effects 的工作流程主要包括以下几个步骤。

（1）创建项目和导入素材、组织素材。

（2）创建合成和排列图层。

（3）添加关键帧动画和效果。

（4）预览合成效果。

（5）渲染并输出最终作品。

1.5　素材导入及管理

1.5.1　素材导入

执行菜单栏中的【文件】→【导入】→【文件】命令，或在【项目】窗口的空白处双击鼠标，都会打开【导入文件】对话框，把素材导入 After Effects 中。但是由于素材种类繁多，包括视频文件、音频文件、图像文件、带 Alpha 通道的图像文件、PSD 文件及图像序列文件等，导入时的选项也有所区别。下面针对几种比较特殊的素材逐一解释说明。

1．带 Alpha 通道的素材导入

有些文件格式，如 TGA、TIFF 等，可能包含 Alpha 通道，导入这些带有 Alpha 通道的文件时，会弹出【解释素材】对话框，如图 1-7 所示。

其中，"忽略"选项表示忽略透明信息。

带 Alpha 通道的
素材导入

"直接-无遮罩"选项是将素材透明信息保存在独立的 Alpha 通道中，因此也被称为不带遮罩的 Alpha 通道。"直接-无遮罩"在高标准、高精度颜色要求的电影中能产生较好的效果，但它只能在少数程序中创建。

"预乘-有彩色遮罩"选项不仅保存了 Alpha 通道中的透明信息，还包含了有背景 RGB 通道的透明度，因此也被称为带背景遮罩的 Alpha 通道。它的优点是拥有广泛的兼容性，大多数视频处理软件能够产生这种 Alpha 通道。

一般情况下，单击【猜测】按钮，软件会自动检测 Alpha 通道的类型。

2．PSD 文件导入

PSD 文件导入

Photoshop 生成的 PSD 文件是 After Effects 中比较常用的图像文件。PSD 文件被广泛应用主要由于其支持分层、支持透明信息。

在导入 PSD 文件时，在【导入文件】对话框中，【导入种类】下拉列表中有三个选项，分别是"素材""合成""合成-保持图层大小"。

当【导入种类】选择了"素材"选项，解释素材对话框如图 1-8 所示。

图 1-7   图 1-8

✓ 合并的图层：将 PSD 文件中的所有图层全部合并为一个图层导入 After Effects 中。

✓ 选择图层：选择 PSD 文件中的一个图层导入 After Effects 中。选择了该选项，可以激活"素材尺寸"选项：

   • "图层大小"表示导入的素材以 PSD 文件中各图层的原始尺寸为标准，

   • "文档大小"表示导入的素材以 PSD 文档大小为标准。

当【导入种类】选择了"合成"选项，解释素材对话框如图 1-9 所示。

"合成"选项可以将 PSD 文件中的所有图层都导入进来，每个图层都以 PSD 文档大小为标准。如果选择了"可编辑的图层样式"选项，可以将 PSD 中的图层样式导入 After Effects 中继续编辑；如果选择了"合并图层样式到素材"选项，则 PSD 中的图层样式导入 After Effects 中不可继续编辑。

当【导入种类】选择了"合成-保持图层大小"选项，解释素材对话框如图 1-10 所示。

图 1-9   图 1-10

"合成-保持图层大小"选项可以将 PSD 文件中的所有图层都导入进来，但每个图层都以 PSD 文件中各图层的原始尺寸为标准。如果选择了"可编辑的图层样式"选项，可以将 PSD 中的图层样式导入 After Effects 中继续编辑；如果选择了"合并图层样式到素材"选项，则 PSD 中的图层样式导入 After Effects 中不可继续编辑。

3. 图像序列文件导入

图像序列文件指的是名称连续的文件，它们可以组成一个独立完整
的视频，每个文件代表视频中的一帧。在 After Effects 中导入图像序列

图像序列文件导入

文件时，只需要选择序列中的第 1 个文件，并且勾选"ImporterJPEG 序
列"选项，即可把序列文件作为一个素材导入项目中，如图 1-11 和图 1-12 所示。

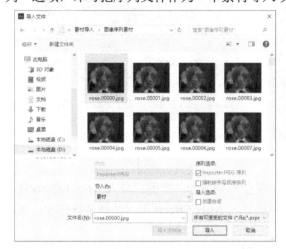
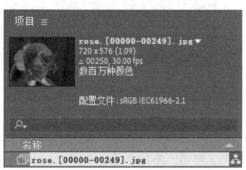

图 1-11   图 1-12

导入的图像序列文件，默认帧速率是 30 帧/秒，一般需要重新设置帧速率，在【项目】
窗口中选择图像序列文件，执行右键菜单中的【解释素材】→【主要】命令，在弹出的对
话框中的【帧速率】部分重新设置即可，如图 1-13 所示。

图 1-13

1.5.2 素材管理

在项目制作过程中会面对各种各样的素材，包括视频、音频、图片及其他一些元素，
如果这些素材不加以管理，而是杂乱无章地放在一起，那么过了一段时间，想再打开项目
进行修改时，会发现很多项目文件丢失，不知去向了，这时就知道对素材进行分类管理有
多么重要了。一般会在硬盘上建立视频素材、音频素材、图片库、模型库等目录，而且在
每个目录下还会建立更多的子目录进行管理，尽管大家分类的方法会有所不同，但是如果
没有分类管理，肯定会对项目制作带来诸多不便。

在 After Effects 中制作项目时，一次要用到几十个素材也是常有的事，那么对导入【项
目】窗口的素材也要进行分类管理，放置到不同的文件夹中，视频文件放置到 Video 文件
夹中，音频文件放置到 Audio 文件夹中，矢量图形文件放置到 Vector 文件夹中，Photoshop

文件放置到 PSD 文件夹中，合成放置到 Comp 文件夹中，纯色层放置到 Solid 文件夹中。大家也可以按照自己的习惯进行命名和分类管理，文件夹尽量用英文或者拼音命名，少用或者不用中文命名。

在 After Effects 中对使用的素材、合成等进行分类管理，虽然会花一些时间，但是可以提高工作效率，节约的时间也许是没有进行管理的时候所花时间的几倍甚至几十倍。

1.5.3 项目管理

1．整合所有素材

有时在【项目】窗口中进行素材的导入时，可能会先后导入和使用一些重复的素材，这时候可以对导入项目中的素材进行整理，对多个重复导入的素材进行合并，只保留一份素材，以精简项目中的文件数量。这个问题可以通过执行菜单栏中的【文件】→【整理工程（文件）】→【整合所有素材】命令来解决，执行后可以看到项目窗口中重复的素材都被合并整理，并且对当前的项目文件不产生影响。

2．删除未用过的素材

有时在【项目】窗口中存在一些导入进来但没有使用的素材，这些素材如果没有用，可以将其从项目中移除。执行菜单栏中的【文件】→【整理工程（文件）】→【删除未用过的素材】命令，即可自动移除未使用的素材。一般在整个项目完成后，需对导入项目中但未使用的素材进行一次清理工作。

3．减少项目

减少项目比整合所有素材和删除未用过的素材的清理范围更大，是将项目中所指定的合成中未使用的素材、合成、文件夹删除。操作时首先要选择一个合成，然后执行菜单栏中的【文件】→【整理工程（文件）】→【减少项目】命令，将自动统计出该合成中没有直接或间接引用的素材和文件夹的数目，确定后即可进行精简删除。

4．收集文件

由于导入的素材文件并没有被复制到项目中，而只是一个引用，所以如果素材文件被删除、移动，或者仅复制项目文件到另一台计算机，这时再打开项目文件时，会出现素材文件丢失找不到的错误。这个问题可以通过执行菜单栏中的【文件】→【整理工程（文件）】→【收集文件】命令来解决，收集文件可以将项目中的素材、文件夹、项目文件等放到一个统一的文件夹中，保证项目及其所有素材的完整性。在保存的文件夹中，有一个是项目文件，还有一个"（素材）"文件夹，所有的素材文件都会保存在"（素材）"文件夹下面。

1.6 影片渲染与输出

在制作完成一个项目后，如何在 After Effects 中渲染输出呢？方法是使用【文件】菜单下面的【导出】功能，如图 1-14 所示。

这里可以选择【导出到 Adobe Premiere Pro 项目】命令，这样在 After Effects 中做的合成可以到 Premiere 软件中进行编辑操作；还可以选择【添加到渲染队列】命令，这个功能与【合成】菜单下【添加到渲染队列】功能是相同的，是 After Effects 输出的高级模块，在这个模块中可以进行详细的设置。After Effects 提供各种输出格式和压缩选项，要选择哪种格式和压缩选项取决于输出的使用场合。例如，如果从 After Effects 渲染的影片是直接向观众播放的最终产品，则需要考虑将用于播放影片的媒体，以及文件大小和数据传输速率的限制；如果从 After Effects 创建的影片是用作输入视频编辑系统的半成品，则应当输出成与视频编辑系统兼容的格式而不进行压缩。

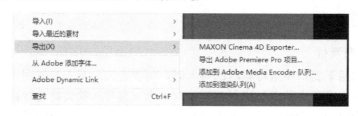

图 1-14

下面介绍【添加到渲染队列】这种输出方式。

1.6.1　渲染队列输出视频

在【项目】窗口中选择要渲染输出的合成后，不管是执行【文件】→【导出】→【添加到渲染队列】命令，还是【合成】→【添加到渲染队列】命令，都会打开【渲染队列】窗口，并将该合成加入渲染队列中。After Effects 允许将多个合成添加到【渲染队列】窗口，并按照每个合成单独的渲染设置进行渲染。

1. 渲染状态

渲染队列中的每个渲染任务，都有一行文字用于说明该渲染任务的状态，如图 1-15 所示。

图 1-15

其中，是否勾选"渲染"选项，表示是否要渲染该渲染任务。

✓ "合成名称"表示要渲染的合成名。
✓ "状态"有以下几种状态。
  • 未加入队列：表示该渲染任务还没有设置渲染参数。
  • 已加入队列：表示该渲染任务已经设置渲染参数，单击【渲染】按钮后，即可把该渲染任务加入渲染队列中进行渲染。
  • 需要输出：表示还没有指定输出文件名。
  • 失败：表示该渲染任务渲染失败。
  • 用户停止：表示用户停止了渲染。
  • 完成：表示该渲染任务已经顺利完成。

✓ "已启动"表示该渲染任务的开始时间。

✓ "渲染时间"表示该渲染任务花费的渲染时间。

2. 渲染设置

在【渲染队列】窗口中展开某个渲染任务，单击【渲染设置】右侧的【最佳设置】按钮，弹出【渲染设置】对话框，如图 1-16 所示，其中参数说明如下。

✓ 品质：表示渲染质量，有"最佳""草图""线框"三种选项，一般情况下选择默认的"最佳"选项。

✓ 分辨率：设置输出文件的分辨率，"完整"选项指以合成相同的尺寸输出，也可以以合成的二分之一、三分之一、四分之一，或者自定义的尺寸输出。

✓ 帧混合：选择"对选中图层打开"选项，可以根据每个图层的帧混合开关是否打开来决定是否进行渲染；选择"对所有图层关闭"选项，可以关闭所有图层的帧混合渲染。

✓ 场渲染：选择"关"选项表示关闭场渲染，选择"高场优先"选项表示上场优先渲染，选择"低场优先"选项表示下场优先渲染。

✓ 运动模糊：选择"对选中图层打开"选项表示打开运动模糊的图层进行运动模糊渲染；选择"对所有图层关闭"选项表示关闭所有图层的运动模糊渲染。

✓ 时间跨度：设置渲染的时间间隔。选择"合成长度"选项表示按照合成的时间长度进行渲染；选择"仅工作区域"选项表示只渲染【时间轴】窗口的工作区；也可以选择"自定义"选项，自定义渲染的开始帧、结束帧。

✓ 帧速率：选择"使用合成的帧速率"选项表示按照合成的帧速率渲染，选择"使用此帧速率"选项表示可以自定义帧速率。

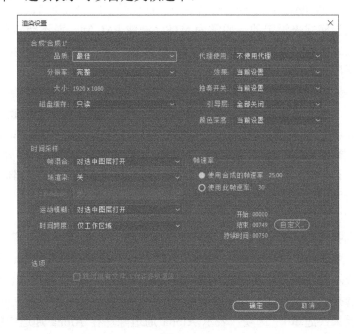

图 1-16

3. 输出模块设置

在【渲染队列】窗口中展开某个渲染任务，单击【输出模块】右侧的【无损】按钮，弹出【输出模块设置】对话框，如图 1-17 所示，其中参数说明如下。

（1）格式：选择输出格式。如果输出的是最终成品，并且包含视频和音频，那么可以选择 AVI、QuickTime 等格式，当选择其中一种输出格式后，单击【格式选项】按钮，在弹出对话框中可以选择该输出格式的具体设置。

AVI 编码格式非常多，但并不是所有的编码都可以被非线性编辑软件支持的。在"格式"中选择"AVI"格式后，再单击【格式选项】按钮，打开【AVI 选项】对话框，在【视频】选项卡的【视频编解码器】下拉列表中可以看到非常多的编码方式，如图 1-18 所示。

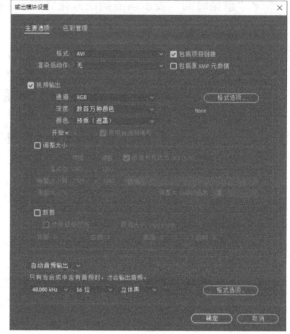

图 1-17

- ✓ "None"：AVI 默认的编码方式，表示无压缩，是质量最高、数据量最大的 AVI 编码方式，几分钟甚至几十秒的影片就会输出几个 GB 的视频文件，因此无压缩编码方式不适用于时间较长的影片输出。
- ✓ "DV NTSC/DV PAL"：在实际输出中被广泛使用，DV NTSC/DV PAL 编码的画面尺寸是以电视格式来设定的，通常为 NTSC 制或 PAL 制，而不能随便设置画面尺寸。DV NTSC/DV PAL 编码的数据量与 None 相比要小很多，一般在拍摄大量视频的时候可以采用这种编码方式。

QuickTime 是 Apple 公司开发的视频文件格式，以.mov 作为文件后缀，它的优点是在 Windows 和 Mac 平台上都可以使用，文件小但品质高，适用于后期合成软件。2009 年之后的新版 Windows 已包含对 QuickTime7 支持的主要媒体格式（如 H.264 和 AAC）的支持。在"格式"中选择"QuickTime"格式后，再单击【格式选项】按钮，打开【QuickTime 选项】对话框，在【视频】选项卡的【视频编解码器】下拉列表中可以看到非常多的编码方式，如图 1-19 所示。

（2）视频输出有以下选项。

- ✓ 通道：选择"RGB"选项，表示只输出颜色通道；选择"Alpha"选项，表示只输出 Alpha 通道；选择"RGB+Alpha"选项，表示输出颜色和 Alpha 通道。
- ✓ 深度：表示颜色深度，颜色数越多，色彩越丰富，但文件的尺寸也会随之增加。
- ✓ 颜色：选择"直接（无遮罩）"选项，表示将透明信息保存在独立的 Alpha 通道中；选择"预乘（遮罩）"选项，表示 Alpha 通道除保存 Alpha 通道中的透明信息外，也可以保存可见的 RGB 通道中的相同信息。
- ✓ 调整大小：重新设置画面的尺寸，但可能会造成画面变形，一般情况下不设置。

✓ 裁剪：对输出画面进行裁剪。

（3）音频输出：只有当合成中含有音频时，才会输出音频。一般采用默认设置。

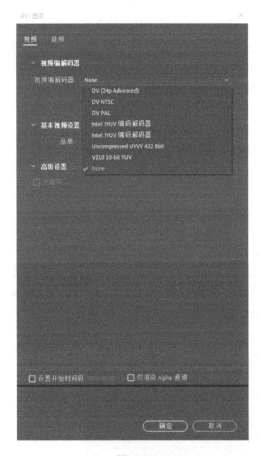

图 1-18

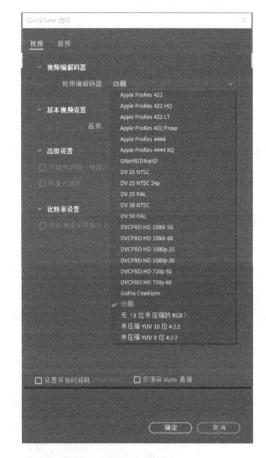

图 1-19

4．输出路径及文件名

在【渲染队列】窗口中展开某个渲染任务，单击【输出到】右侧的【合成.avi】按钮，弹出保存文件对话框，即可设置输出文件的文件名及所在路径。

进行了渲染设置、输出模块设置并指定了输出文件名和路径后，单击【渲染】按钮，就可以开始渲染输出了。

1.6.2　渲染输出图像序列

如果在 After Effects 中渲染输出不是整个项目的最后一道工序，而是中间步骤，还需要在其他软件中再进行处理，那么可以考虑输出为序列文件。输出序列文件的参数设置与输出视频的参数设置类似，稍有不同的是在【输出模块设置】对话框中，【格式】选择带"序列"后缀的格式，如"JPEG 序列"格式，适用于对图像清晰度要求不是很高，并且不需要保存 Alpha 通道的场合；"PNG 序列"格式，适用于对图像清晰度要求不是很高，并且需要保存 Alpha 通道的场合；如果要保存为高清晰度的图像，并且有 Alpha 通道，可以选择"TIFF 序列"或者"TGA 序列"格式。

1.6.3 渲染输出单帧

After Effects 可以对合成中的某一帧进行渲染输出。首先在【时间轴】窗口定位到要渲染的单帧处，执行菜单栏中的【合成】→【帧另存为】→【文件】命令，会在【渲染队列】窗口中添加一个渲染任务，在【输出模块设置】对话框中，选择带"序列"后缀的格式。注意这里并不渲染序列文件，只是渲染输出这种格式的单帧文件，其他设置与输出序列文件基本类似。

如果输出的单帧要保留 After Effects 中的图层信息，那么执行菜单栏中的【合成】→【帧另存为】→【Photoshop 图层】命令，即可将单帧保存为 Photoshop 的 PSD 文件，它里面的图层与 After Effects 中的图层保持一致。

1.6.4 Media Encoder 输出

现在用户越来越多地使用 Adobe Media Encoder 进行渲染输出，这也是本教材推荐的渲染输出方式，Adobe Media Encoder 提供了更多的编码器。执行菜单栏中的【文件】→【导出】→【添加到 Adobe Media Encoder 队列】或【合成】→【添加到 Adobe Media Encoder 队列】命令，都可以打开【Adobe Media Encoder 2020】窗口，如图 1-20 所示。

图 1-20

（1）手工设置合成输出参数。在右侧的【队列】窗口中可以看到等待渲染输出的合成名。每个合成可以设置它的编码器、视频质量、输出文件名等，一般视频采用 H.264 输出即可。

（2）使用预设设置合成输出参数。Adobe Media Encoder 也为我们准备了适用于各种场合的预设，在【队列】窗口中选择需要渲染输出的合成，在【预设浏览器】窗口中选择合适的预设名称，单击【应用预设】按钮，即可为当前合成应用预设的输出参数。

第2章

图层应用

本章学习目标

◆ 了解图层、合成的概念。

◆ 了解合成的创建方法及合成设置。

◆ 了解图层操作。

◆ 掌握常用的几种图层混合模式。

◆ 掌握图层基本变换属性及关键帧动画基础。

◆ 掌握合成嵌套及应用。

◆ 掌握图层之间的父子关系及应用。

◆ 掌握图表编辑器及应用。

2.1 基本概念

合成参数设置

图层和合成是 After Effects 中非常重要的两个概念。图层是构成合成的基本元素，是添加到合成中的所有项，包括静态图像、图像序列、视频、音频、文本、灯光、摄像机等，一个合成甚至可以成为另一个合成中的新图层。使用图层，在合成中处理某些素材就不会影响到合成中的其他素材，一个合成中可以包含一个或者多个图层。

After Effects 的项目中可以包含一个或多个合成，每个合成在【项目】窗口都有一个条目，每个合成都有自己的时间轴，当把素材添加到合成中成为图层后，可以在空间和时间方面组织各个图层。After Effects 中的合成类似于 Premiere 中的序列，对合成进行渲染可以创建最终的输出影片。

创建合成的方法有以下几种。

（1）执行菜单栏中的【合成】→【新建合成】命令，创建合成并手动设置合成的参数。

（2）将【项目】窗口中的素材拖到【项目】窗口底部的【新建合成】按钮上，或执行菜单栏中的【文件】→【基于所选项新建合成】命令创建合成，这种方式创建的合成的宽度、高度、像素长宽比等参数会自动设置为与素材相匹配。

在【项目】窗口选择某个合成或者激活某个合成的【时间轴】或【合成】窗口，然后执行菜单栏中的【合成】→【合成设置】命令，可以打开【合成设置】对话框以更改合成的参数设置，如图 2-1 所示。

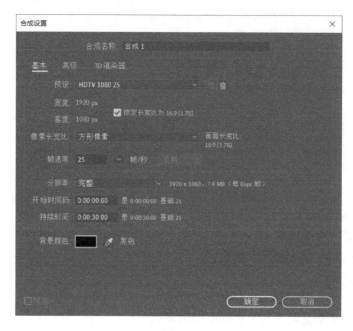

图 2-1

- 合成名称：指定合成的名称，一般以有意义的词组作为合成名称。
- 预设：提供了很多常用的合成设置，创建合成时一般根据项目需要选择相应的预设，每个预设都包含了合成的宽度、高度、像素长宽比和帧速率。
- 宽度：指合成中图像在水平方向的像素数量。
- 高度：指合成中图像在垂直方向的像素数量。
- 像素长宽比：指图像中一个像素的宽与高之比。像素长宽比并不总是 1:1，也就是说像素并不总是正方形的。
- 画面长宽比：指每帧图像的宽与高之比。画面长宽比=（宽度/高度）×像素长宽比。
- 帧速率：指每秒显示的帧数。
- 分辨率：每个合成都有自己的分辨率设置，在预览和最终输出渲染合成时会影响合成的图像质量。"完整"表示渲染合成中的每个像素，此设置可提供最佳图像质量，但是渲染所需的时间最长。"二分之一"表示渲染全分辨率图像中包含的四分之一的像素，即列的一半和行的一半。"三分之一"表示渲染全分辨率图像中包含的九分之一的像素。"四分之一"表示渲染全分辨率图像中包含的十六分之一的像素。"自定义"表示以指定的水平和垂直分辨率渲染图像。
- 开始时间码：默认情况下，After Effects 用 Society of Motion Picture and Television Engineers（电影与电视工程师协会，简称 SMPTE）时间码显示时间，格式为"时、分、秒、帧"。
- 持续时间：设置合成的时间长度。
- 背景颜色：设置合成的背景颜色。

2.2　图层操作

在【时间轴】窗口中的每个图层，拥有多个选项可以设置，说明如下。

（1）◉隐藏或显示图层：打开该选项，可以在【合成】窗口中显示当前选择的图层中的内容；关闭该选项，则隐藏该图层中的内容。

（2）◉独奏：打开该选项，除了被选择的图层，其他图层的内容不在【合成】窗口中显示，也可以同时打开多个需要该功能的图层。该选项常用于查看各个图层的内容。

（3）🔒锁定图层：打开该选项，可以锁定选择的图层，被锁定的图层不能进行任何编辑操作。该选项常用于在进行多个图层编辑时，防止图层误操作。

（4）🔲消隐：配合【时间轴】窗口上方的🔳一起使用，可以在【时间轴】窗口中隐藏打开该选项的图层，但不会影响图层在【合成】窗口中的显示。在进行有很多图层的项目的编辑时，可以整理出【时间轴】窗口中的空间，方便对需要进行编辑的图层进行操作。

（5）◩画质：包含◪和�两个选项，◪表示低画质，◩表示高画质。用户可以根据需要进行选择，当视频内容过多影响运行速度的时候，可以使用低画质，减轻系统运行负担；而在高画质下，可以对操作对象进行精确的查看和编辑。

（6）𝑓𝑥特效：打开该选项，可以查看图层上添加的特效效果，反之，则关闭图层上的特效效果。

（7）◎运动模糊：配合【时间轴】窗口上方的◎一起使用，可以为打开该选项的图层添加运动模糊效果。

（8）◎调整图层：可以将选择的图层设置为调整图层。

（9）🧊3D 图层：可以将选择的图层设置为三维图层，进行 3D 编辑操作。

2.3　图层混合模式

2.3.1　图层混合模式概述

图层之间可以通过图层混合模式来控制上层与下层的融合效果，当某一图层选用图层混合模式时，会根据混合模式的类型，与下层进行融合，产生相应的合成效果。

在 After Effects 中，设置图层混合模式的方式为设置上面图层的模式，使上面图层与下面图层进行叠加，模式位于【时间轴】窗口功能按钮区的右侧。默认情况下每个图层的模式均为"正常"模式，单击"正常"旁边的小三角按钮，可以看到有多种混合模式，如图 2-2 所示。

下面对常用的图层混合模式进行解释。

• 正常：默认的图层混合模式，即不发生混合，上面的图层会遮挡住下面的图层。

下面这些混合模式可以称为变暗组，上面图层与下面图层混合在一起后画面效果比原始的画面更暗。

• 变暗：对上下两个图层相同位置的像素进行比较，保留较暗的像素，舍弃较亮的像素。

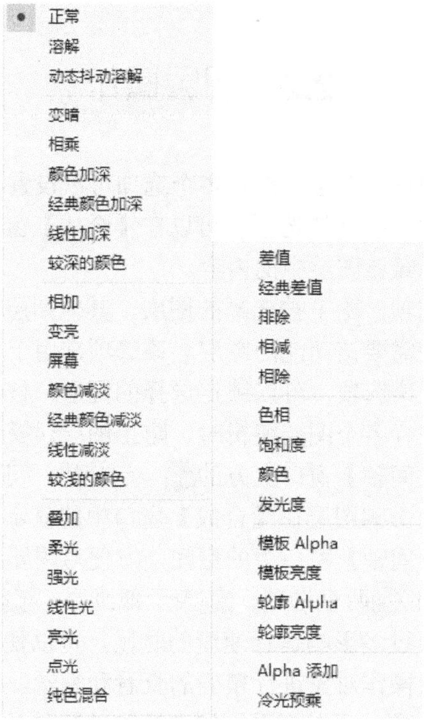

图 2-2

- 相乘：图层混合时取暗值，这种模式可以过滤上面图层的白色，只保留较暗的部分。
- 颜色加深：增加上下两个图层的对比度。
- 经典颜色加深：增加上下两个图层的对比度，优化版的颜色加深。
- 线性加深：与相乘类似，但是画面更暗一些。
- 较深的颜色：与相乘类似，但是画面更亮一些。

下面这些混合模式可以称为变亮组，上面图层与下面图层混合在一起后画面效果比原始的画面更亮。

- 相加：将上下两个图层相同位置的像素进行相加，得到的混合效果比原始的画面更亮。
- 变亮：对上下两个图层相同位置的像素进行比较，保留较亮的像素，舍弃较暗的像素。
- 屏幕：图层混合时取亮值，这种模式可以过滤上层的黑色，只保留较亮的部分。
- 颜色减淡：通过减小对比度的方式增亮画面。
- 经典颜色减淡：通过减小对比度的方式增亮画面，优化版的颜色减淡。
- 线性减淡：上下两个图层的亮度相加后，得到的效果比原始的亮度稍亮些，与相加模式的效果相似。
- 较浅的颜色：与屏幕效果类似，但上层的中间偏暗部分容易变得透明。

下面这些混合模式可以称为叠加组，上面图层与下面图层混合在一起后画面效果比原始的画面亮的部分更亮，暗的部分更暗。

- 叠加：将上下两个图层叠加在一起，增加画面的反差，可以过滤掉上面图层 50%亮度的灰色。

- 柔光：增加画面反差，但不如叠加效果强烈。
- 强光：增加画面反差，但比叠加效果强烈。
- 线性光：增加画面反差，比强光效果强烈。
- 亮光：增加画面反差，比线性光效果强烈。
- 点光：根据上面图层亮度来替换颜色，如果上面图层亮度高于 50%，比上面图层颜色暗的像素会被替换；如果上面图层亮度低于 50%，比上面图层颜色亮的像素会被替换。
- 纯色混合：增加画面反差，效果最为强烈。

下面这些混合模式是将上面图层的色相、饱和度、颜色、亮度叠加到下面图层。

- 色相：将上面图层的色相赋予下面图层。
- 饱和度：将上面图层的饱和度赋予下面图层。
- 颜色：将上面图层的颜色赋予下面图层。
- 发光度：将上面图层的亮度赋予下面图层。

2.3.2　边学边做：变亮组混合模式应用

变亮组混合模式应用

➡ **知识与技能**

本例主要学习应用图层混合模式中的变亮组中的模式，该组混合模式的特点是可以过滤上面图层中亮度为 0% 的区域，即过滤纯黑的部分。

➡ **操作步骤**

（1）新建项目，执行菜单栏中的【文件】→【导入】→【文件】命令，打开【导入文件】对话框，选择"烟花.psd"，在【导入为】下拉列表中选择"合成-保持图层大小"选项，然后单击【导入】按钮，以合成方式将 PSD 中的图层按原始尺寸导入【项目】窗口中，如图 2-3 所示。

（2）在【项目】窗口中双击"烟花"合成，把它在【合成】窗口中打开，如图 2-4 所示。

图 2-3

图 2-4

可以看到烟花的背景颜色为黑色，遮挡了下面的背景图层的内容。现在需要将烟花图层的黑色背景透明化，显示出下面的图层来。

（3）在【时间轴】窗口中设置"烟花"图层的混合模式为"屏幕"，如图 2-5 和图 2-6 所示。

图 2-5

图 2-6

仔细观察设置混合模式后的画面效果，可以看到烟花的背景基本消失，露出了后面的夜景，但是烟花的背景没有完全去掉，这是由于"屏幕"混合模式可以过滤掉黑色，但是烟花的背景并不是纯黑的，因此无法过滤干净。

（4）为了尽量避免压暗暗部时影响到图像的亮部，在暗部再添加一个节点。操作方法为选择【时间轴】窗口中的"烟花"图层，执行菜单栏中的【效果】→【颜色校正】→【曲线】命令，在曲线的中间位置添加一个节点，压暗烟花的背景，使背景达到纯黑的效果，这样使用"屏幕"混合模式就可以将背景完全过滤掉了，如图 2-7 和图 2-8 所示。

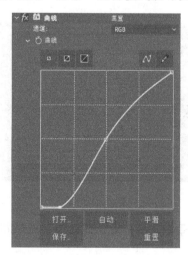

图 2-7

图 2-8

（5）最后调整"烟花"图层的位置并适当缩小"烟花"图层，效果如图 2-9 所示。

图 2-9

2.3.3　边学边做：变暗组混合模式应用

变暗组混合模式应用

知识与技能

本例主要学习应用图层混合模式中的变暗组中的模式，该组混合模式的特点是可以过滤上面图层中亮度为 100%的区域，即过滤纯白的部分。

操作步骤

（1）新建项目，在【项目】窗口中的空白处双击鼠标，打开【导入文件】对话框，选择"Girl.jpg"和"花纹.jpg"文件，将其导入【项目】窗口中。本例的画面大小与"Girl.jpg"相同，可以以"Girl.jpg"的参数创建新合成，将"Girl.jpg"拖到【项目】窗口底部的【新建合成】按钮上，创建一个新的合成。原始素材如图 2-10 所示。

（2）把素材"花纹.jpg"从【项目】窗口拖到【时间轴】窗口的合成中，把它放置到合成的顶部，展开"花纹.jpg"图层下面的参数，设置【缩放】参数值为"3.0,2.0%"，【旋转】参数值为"-46.0°"，把"花纹.jpg"图层移到人物的背部，如图 2-11 所示。

图 2-10

图 2-11

（3）现在要过滤掉花纹的白色背景，在【时间轴】窗口中设置"花纹.jpg"图层的图层混合模式为"相乘"，就可以把白色部分过滤掉，如图 2-12 和图 2-13 所示。

图 2-12　　　　　　　　　　　　　　　　　　图 2-13

2.3.4　边学边做：叠加组混合模式应用

叠加组混合模式应用

知识与技能

本例主要学习应用图层混合模式中的叠加组中的模式，该组混合模式的特点是可以过滤上面图层中亮度为 50%的区域，即过滤中间的部分。

操作步骤

（1）新建项目，在【项目】窗口中的空白处双击鼠标，打开【导入文件】对话框，选择"man.jpg"和"texture.jpg"文件，将其导入【项目】窗口中。本例的画面大小与"man.jpg"相同，可以以"man.jpg"的参数创建新合成，将"man.jpg"拖到【项目】窗口底部的【新建合成】按钮上，创建一个新的合成。原始素材如图 2-14 所示。

（2）把素材"texture.jpg"从【项目】窗口拖到【时间轴】窗口合成的顶部，对它进行适当缩小，移动到人物的头部位置。

在【时间轴】窗口中选择"texture.jpg"图层，使用工具栏中的【钢笔工具】绘制一个不规则的蒙版，如图 2-15 所示。

图 2-14　　　　　　　　　　　　　　　　图 2-15

展开蒙版下面的【遮罩羽化】，设置值为"50"。设置"texture.jpg"图层的图层混合模式为"叠加"，效果如图 2-16 所示。

叠加模式可以将纹理很好地叠加到下面的图层，使亮的地方更亮，暗的地方更暗，暗的地方显示了疤痕，但是亮的部分是不需要的。叠加模式有一个特性，就是可以过滤掉 50%的灰色，所以只要把亮的部分调整为 50%的灰色，就可以把它过滤掉，而不会影响下面的图层。

（3）在【时间轴】窗口中选择"texture.jpg"图层，执行菜单栏中的【效果】→【颜色校正】→【曲线】命令，调整曲线如图 2-17 所示。最终效果如图 2-18 所示。

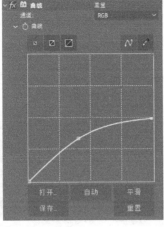

图 2-16   图 2-17   图 2-18

2.3.5 边学边做：颜色组混合模式应用

➡ **知识与技能**

颜色组混合模式应用

本例主要学习应用图层混合模式中的颜色组中的模式，该组混合模式的特点是可以把上面图层的颜色、色相、饱和度、亮度等叠加到下面的图层。

➡ **操作步骤**

（1）新建项目，在【项目】窗口中的空白处双击鼠标，打开【导入文件】对话框，选择"Girl.jpg"文件，将其导入【项目】窗口中。本例的画面大小与"Girl.jpg"相同，可以以"Girl.jpg"的参数创建新合成，将"Girl.jpg"拖到【项目】窗口底部的【新建合成】按钮上，创建一个新的合成。原始素材如图 2-19 所示。

图 2-19

（2）执行菜单栏中的【图层】→【新建】→【纯色】命令，新建一个纯色图层，颜色 RGB 值为"248,227,176"。

在【时间轴】窗口设置纯色层的图层混合模式为"颜色"，如图 2-20 所示，效果如图 2-21 所示。

图 2-20

图 2-21

（3）这里只需要调整背景的颜色，人物仍保留原来的色调，在【时间轴】窗口选择纯色图层，使用工具栏中的【钢笔工具】绘制一个不规则的蒙版，如图 2-22 所示。

展开纯色图层蒙版下面的参数，勾选【反转】选项，把蒙版反向，设置【蒙版羽化】值为"80"，达到突出画面主角的效果，最终效果如图 2-23 所示。

图 2-22

图 2-23

2.4 关键帧动画基础

图层 5 个基本属性

在【时间轴】窗口展开图层前面的小三角，再展开【变换】属性前面的小三角，可以看到图层的 5 个基本属性。

- 锚点：设置图层的锚点，锚点是图层进行旋转或缩放的坐标中心点，默认情况为图层的中心。
- 位置：设置图层的坐标位置。
- 缩放：设置图层的缩放比例，默认为等比例缩放。如果取消约束比例，则可以在不同坐标轴进行不等比例的缩放。

- 旋转：设置图层的旋转角度。正数为顺时针旋转，负数为逆时针旋转。
- 不透明度：设置图层的不透明度，0%时图层完全透明，会显示该图层下面的内容；100%时图层完全不透明，会遮挡该图层下面的内容；0%～100%之间图层为半透明效果。

在 After Effects 中有多种设置动画的方法，可以通过对图层、效果属性添加关键帧来设置动画，也可以通过设置表达式或者使用动画预设的方法来设置动画。其中最常用的动画设置方式就是制作关键帧动画，这里动画是指广泛意义上的动画，凡是能随时间产生变化的属性都可以制作动画，在 After Effects 中凡是左侧有码表的属性，都可以为该属性制作关键帧动画。

关键帧标记一个定义了特定值（如位置、不透明度或音量等）的时间点，制作关键帧动画需要满足以下 3 个基本条件。

- 必须先单击属性左侧的码表才能记录关键帧动画。
- 必须在不同的时间点设置 2 个或 2 个以上的关键帧才能产生动画。
- 属性在不同的时间点应该有变化。

当某属性左侧的码表未打开时，其数值固定不变；当码表被打开时，其数值可能受关键帧的影响而发生变化，如图 2-24 所示。

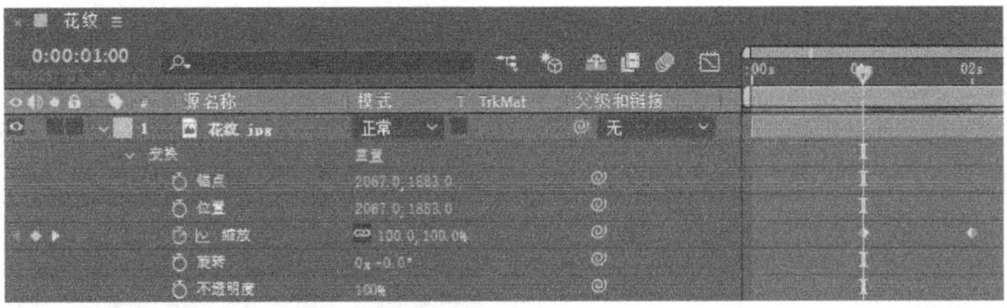

图 2-24

在第 1 秒和第 2 秒处，【缩放】左侧的码表被打开了，设置了 2 个关键帧，第 1 秒处关键帧数值为 100%，第 2 秒处关键帧数值为 200%，第 1 秒前面因为没有其他关键帧，所以数值固定在 100%，第 1 秒之后，由于在第 2 秒还有 1 个关键帧，所以在第 1 秒和第 2 秒之间，数值逐渐由 100%变化为 200%，而在第 2 秒之后，数值固定为 200%。

当【时间轴】窗口中某个属性有多个关键帧时，为了更快捷、准确地选择关键帧，After Effects 为每个关键帧都提供了关键帧导航图标，称为关键帧导航器。关键帧导航器由 3 个按钮组成，只有为属性添加了关键帧，关键帧导航器才会显示出来，◀按钮为将当前时间移到前一关键帧，◆按钮为在当前时间点添加或删除关键帧，▶按钮为将当前时间移到后一关键帧，如图 2-25 所示。

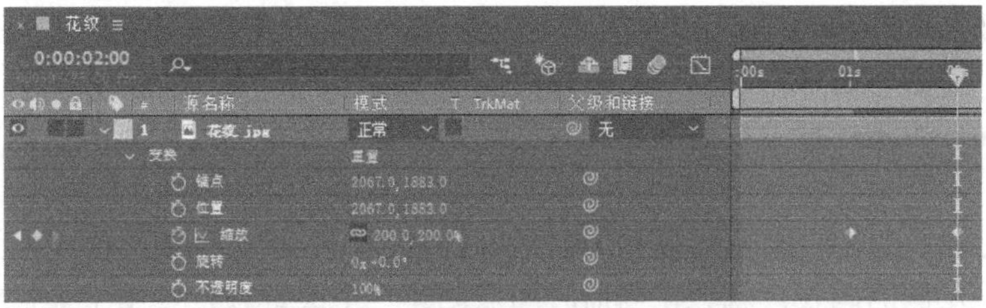

图 2-25

爬行的瓢虫

2.5 边学边做：爬行的瓢虫

知识与技能

本例主要学习通过对图层的基本变换属性设置关键帧制作动画效果，掌握自动定向，使物体在运动过程中自动沿路径定向。

操作步骤

（1）新建项目，执行菜单栏中的【文件】→【导入】→【文件】命令，打开【导入文件】对话框，选择"瓢虫.psd""树叶.jpg"文件，在【导入为】下拉列表中选择"素材"选项，然后单击【导入】按钮，以素材方式导入【项目】窗口中，如图2-26所示。

（2）本例的画面大小与"树叶.jpg"相同，可以以"树叶.jpg"的参数创建合成，在【项目】窗口中，把"树叶.jpg"拖到【项目】窗口底部的【新建合成】按钮上，会创建一个宽度、高度与素材"树叶.jpg"相同的名为"树叶"的合成。在【项目】窗口中选中"树叶"合成，执行菜单栏中的【合成】→【合成设置】命令，在弹出的【合成设置】对话框中，设置【像素长宽比】为"方形像素"，即像素长和宽的比例为1∶1，【帧速率】为"24"，【持续时间】为"0:00:20:00"，其他为默认设置，如图2-27所示。

图 2-26

图 2-27

（3）把素材"瓢虫.psd"从【项目】窗口拖到【时间轴】窗口的"树叶"合成中，把它放置到"树叶.jpg"图层的上面，如图2-28所示。

（4）展开"瓢虫.psd"图层下面的【变换】属性，设置【缩放】值为"5%"，适当缩小瓢虫的比例，使它与场景相匹配，效果如图2-29所示。

（5）下面开始制作瓢虫在树叶上爬行的动画，这主要是通过制作瓢虫的位置关键帧动画来实现的。

展开"瓢虫.psd"图层下面的【变换】属性，在【时间轴】窗口把当前时间设置为0:00:00:00，单击【位置】左侧的码表，就会在当前时间点创建一个关键帧，使用工具栏中的【选取工具】调整瓢虫的位置，如图2-30和图2-31所示。

图 2-28

图 2-29

图 2-30

图 2-31

在【时间轴】窗口把当前时间设置为 0:00:04:00，使用工具栏中的【选取工具】调整瓢虫的位置，这次不需要单击【位置】左侧的码表，会自动在当前时间点创建一个关键帧，如图 2-32 和图 2-33 所示。

图 2-32

图 2-33

在【时间轴】窗口把当前时间设置为 0:00:08:00，使用工具栏中的【选取工具】调整瓢虫的位置，会自动在当前时间点创建一个关键帧，如图 2-34 和图 2-35 所示。

图 2-34

图 2-35

在【时间轴】窗口把当前时间设置为 0:00:12:00，使用工具栏中的【选取工具】调整瓢虫的位置，会自动在当前时间点创建一个关键帧，如图 2-36 和图 2-37 所示。

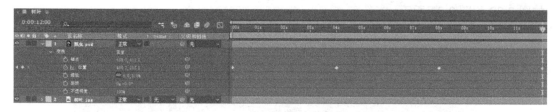

图 2-36

图 2-37

在【时间轴】窗口把当前时间设置为 0:00:16:00，使用工具栏中的【选取工具】调整瓢虫的位置，会自动在当前时间点创建一个关键帧，如图 2-38 和图 2-39 所示。

图 2-38

图 2-39

在【时间轴】窗口把当前时间设置为 0:00:19:23，使用工具栏中的【选取工具】调整瓢虫的位置，会自动在当前时间点创建一个关键帧，如图 2-40 和图 2-41 所示。

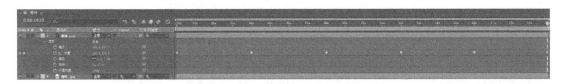

图 2-40

图 2-41

（6）现在单击【预览】窗口中的【播放】按钮进行预览，可以看到瓢虫沿着树枝在爬行，但是有一个奇怪的地方，瓢虫不管朝哪个方向爬行，头始终朝同一个方向不发生任何变化，而不是面向前进的方向。如果想让瓢虫爬行的动画更自然，那么需要调整瓢虫爬行时头部的朝向，这里有两种方法可以解决：一是再制作瓢虫旋转的关键帧动画，使它头部始终朝向前进的方向；二是设置自动方向调整。这里采用第二种方法，这种方法更简便快捷。

在【时间轴】窗口选择"瓢虫.psd"图层，执行菜单栏中的【图层】→【变换】→【自动定向】命令，在弹出的对话框中选择"沿路径定向"选项，如图 2-42 所示。

（7）再次单击【预览】窗口中的【播放】按钮进行预览，这时瓢虫的头部会随着路径而发生改变，但是瓢虫头部还是没有朝向前进的方向，这个问题可以通过在瓢虫开始爬行的初始位置调整瓢虫头部的朝向来解决。

把当前时间设置为 0:00:00:00，也就是瓢虫开始爬行的时间点，选择【时间轴】窗口中的"瓢虫.psd"图层，展开它下面的【变换】属性，调整【旋转】属性值使瓢虫头部在动画开始位置就朝向前进的方向，如图 2-43 所示。

图 2-42

图 2-43

（8）现在单击【预览】窗口中的【播放】按钮进行预览，可以看到瓢虫随着设置好的路径在树叶上爬行，但是瓢虫在爬行过程中还是有一点偏离路径，这是由于瓢虫的锚点稍微有些偏，并不在它的头部中心位置。展开"瓢虫.psd"图层下面的【变换】属性，调整【锚点】属性值，使瓢虫的锚点位于它头部中间位置。最终效果如图 2-44 所示。

图 2-44

2.6　典型应用：鱼戏莲叶间

🔁 知识与技能

本例主要学习关键帧的制作方法、人偶位置控点工具的使用，以及使用动态草图窗口绘制任意形状的路径来自动创建位置关键帧的方法。

2.6.1 制作鱼尾摆动效果

➡ **操作步骤**

制作鱼尾摆动效果

（1）新建项目，双击【项目】窗口的空白处，打开【导入文件】对话框，选择"莲叶.psd""蝶尾金鱼.psd""兰寿金鱼.psd""墨龙晴.psd""狮子头金鱼.psd"文件，在【导入为】下拉列表中选择"素材"选项，然后单击【导入】按钮，以素材方式导入，如图 2-45 所示。

（2）执行菜单栏中的【合成】→【新建合成】命令，在弹出的【合成设置】对话框中，设置【合成名称】为"Final Comp"，【预设】为"PAL D1/DV"，【持续时间】为"0:00:20:00"，【背景色】为白色，如图 2-46 所示。

图 2-45

图 2-46

（3）把素材"蝶尾金鱼.psd"从【项目】窗口拖到【时间轴】窗口的"Final Comp"合成中，展开"蝶尾金鱼.psd"图层下面的属性【缩放】，设置值为"15%"，适当调整蝶尾金鱼的大小，使它与场景相匹配。

（4）选择工具栏中的【人偶位置控点工具】，在【合成】窗口中金鱼的头部、身体及尾部处单击添加 3 个控制点，如图 2-47 所示。

（5）在【时间轴】窗口中，把当前时间设置为 0:00:00:00。在【合成】窗口中使用工具栏中的【选取工具】把金鱼尾部的控制点向左移动一些，使金鱼尾部呈现向左摆动的效果，如图 2-48 所示。

（6）在【时间轴】窗口中，把当前时间设置为 0:00:00:10。在【合成】窗口中使用工具栏中的【选取工具】把金鱼尾部的控制点向右移动一些，使金鱼尾部呈现向右摆动的效果，如图 2-49 所示。

（7）现在金鱼尾部摆动动画中的一个循环动作已经完成，在通过关键帧创建动画时，一般只需要制作一个循环动画，其他的循环可以通过表达式来实现。

展开"蝶尾金鱼.psd"图层下面的属性，找到金鱼尾部的控制点，这里是"操控点 3"，可以看到它的【位置】属性已经添加了两个关键帧，按住 Alt 键，单击【位置】左侧的码表，为此属性添加表达式，在【位置】的表达式输入栏中输入"loopOut (type="pingpong"，numKeyframes=0)"语句。

图 2-47 图 2-48 图 2-49

提示：在输入表达式的时候，注意字母的大小写和使用英文的标点符号，不要错写或漏写任何一个字符，否则表达式会报错或无法产生循环效果，如图 2-50 所示。

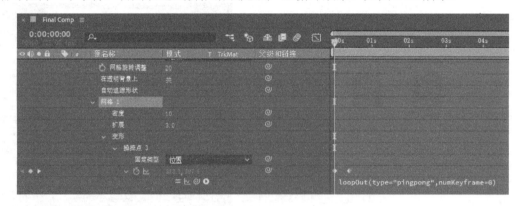

图 2-50

（8）单击【预览】窗口中的【播放】按钮进行预览，可以看到金鱼尾部摆动的动画已经循环起来，但是金鱼尾部摆动的动画还稍显生硬。选中"操控点 3"下面的【位置】属性的两个关键帧，执行右键菜单中的【关键帧辅助】→【缓动】命令，该命令将对关键帧动画进行平滑操作，在动画的静止和运动之间产生一个时间过渡，实现逐步加速或减速的效果，如图 2-51 所示。

图 2-51

制作金鱼游动效果

2.6.2　制作金鱼游动动画

▶ **操作步骤**

（1）金鱼的游动动画是通过对图层的【位置】属性添加关键帧来实现的。我们希望金鱼的游动路线是不规则的，而且游动的速度也是时快时慢。如果还是采用在不同的时间点为【位置】创建关键帧，很难达到这种效果。这里采用通过鼠标拖动金鱼自动生成关键帧的方法来实现以上效果。

把当前时间设置为 0:00:00:00，把蝶尾金鱼移到画面的左下方，执行菜单栏【窗口】→【动态草图】命令，打开【动态草图】窗口，设置【平滑】为"3"，不要生成过多的关键帧。单击【开始捕捉】按钮后，在【合成】窗口中用鼠标拖动蝶尾金鱼生成不规则的游动路线。如图 2-52 所示。

图 2-52

在【时间轴】窗口中，"蝶尾金鱼.psd"图层的【位置】属性自动生成了很多关键帧，如图 2-53 所示。

图 2-53

（2）单击【预览】窗口中的【播放】按钮进行预览，可以看到金鱼一边摆动尾部一边游动，但是还存在一些问题，就是金鱼在游动的过程中，头始终朝着同一个方向，这个问题需要解决，正确的效果应该是头始终面向前进的方向。

选择【时间轴】窗口中的"蝶尾金鱼.psd"图层，执行菜单栏中的【图层】→【变换】→【自动定向】命令，在弹出的对话框中选择"沿路径定向"选项，如图 2-54 所示。

（3）再次单击【预览】窗口中的【播放】按钮进行预览，这时金鱼的头部会随着路径而发生改变，但是金鱼头部还是没有朝向前进的方向，这个问题可以通过调整金鱼头部在初始位置的朝向来解决。

把当前时间设置为 0:00:00:00，也就是金鱼开始游动的时间点，选择【时间轴】窗口中的"蝶尾金鱼.psd"图层，展开它下面的【变换】属性，调整【旋转】属性值使金鱼在动画开始位置就朝向前进的方向，如图 2-55 所示。

图 2-54

图 2-55

（4）现在单击【预览】窗口中的【播放】按钮进行预览，可以看到金鱼随着设置好的路径悠闲地游动，但是当路径角度较大时，可以明显看到金鱼大幅度地转动身体，使得游动效果不是很真实，这是由于金鱼的锚点在它的身体上而不是在头部。展开"蝶尾金鱼.psd"图层下面的【变换】属性，调整【锚点】属性值，使金鱼的锚点位于它的头部，如图 2-56所示。

（5）其他金鱼的游动效果可以参照前面的方法制作，这里不再一一叙述了。在制作完所有金鱼的游动效果后，把素材"莲叶.psd"从【项目】窗口中拖到【时间轴】窗口中合成的最上面，形成一种鱼戏莲叶间的动画效果，如图 2-57 所示。

图 2-56

图 2-57

2.7 典型应用：指间照片

🔵 知识与技能

本例主要学习合成的嵌套使用。

一个项目中的素材可以分别提供给不同的合成使用，而一个项目中的合成既可以是各自独立的，也可以是相互之间存在引用关系的。合成之间不可以互相引用，只存在一个合成使用另一个合成，即一个合成嵌套另一个合成。合成嵌套在使用中有很重要的意义，因为并不是所有制作都在一个合成中就能完成，稍微复杂一点的制作都可能用到多个合成来嵌套完成。有些虽然可以在一个合成中完成，不过利用合成嵌套会事半功倍，例如，在对多个图层进行相同的设置时，利用合成嵌套制作起来会比较简单。

2.7.1 照片合成

⊙ 操作步骤

（1）新建项目，在【项目】窗口的空白处双击鼠标，打开【导入文件】对话框，把素材 "01.jpg" "02.jpg" "03.jpg" "04.jpg" "hand.psd" 分别导入【项目】窗口中，把素材 "Blank Slide.tga" 导入【项目】窗口中，由于它包含 Alpha 通道，在弹出的对话框中单击【猜测】按钮后确定，如图 2-58 所示。

（2）执行菜单栏中的【合成】→【新建合成】命令，新建一个合成，在弹出的对话框中重命名【合成名称】为 "Slide In Left Hand"，设置【宽度】为 "970"，【高度】为 "910"，【像素长宽比】为 "方形像素"，即像素长宽比为 1:1，【帧速率】为 "25"，【持续时间】为 "0:00:05:00"，如图 2-59 所示。

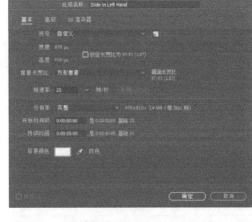

图 2-58 　　　　　　　　　　　　　　　　　图 2-59

（3）单击【合成】窗口底部的【切换透明网格】按钮，使【合成】窗口透明部分以网格显示，便于观察。把素材 "hand.psd" "Blank Slide.tga" 从【项目】窗口中拖到【时间轴】窗口中的 "Slide In Left Hand" 合成中，调整图层的上下位置关系，把 "hand.psd" 图层放到 "Blank Slide.tga" 图层的上面，调整 "Blank Slide.tga" 图层的位置及大小，调整 "hand.psd" 图层的位置，使它位于两指之间，如图 2-60 所示。

（4）在【项目】窗口中选择 "Slide In Left Hand" 合成，把它拖到【项目】窗口下面的【新建合成】按钮上，会创建一个宽度、高度与 "Slide In Left Hand" 相同的合成，在【项目】窗口中选中新创建的合成，按【Enter】键将其重命名为 "Slide In Right Hand"。"Slide In Left Hand" 合成包含在 "Slide In Right Hand" 合成中，这里就形成了一种合成嵌套的关系。当向合成中添加素材时，这些素材就成为新图层的源素材，合成中可以包含任意多个图层，也可以将一个合成作为图层包含在另一个合成中，称为合成嵌套。

在【项目】窗口中用鼠标双击 "Slide In Right Hand" 合成，在【时间轴】窗口中，打开 "Slide In Right Hand" 合成，选中 "Slide In Left Hand" 图层，展开它下面的【变换】属性，设置【缩放】为 "-100%,100%"，让手在水平方向翻转，如图 2-61 所示。

（5）执行菜单栏中的【合成】→【新建合成】命令，新建一个合成，在弹出的对话框中将其重命名为"Slide1"，设置【宽度】为"1920"，【高度】为"1080"，【像素长宽比】为"方形像素"，即像素长宽比为1:1，【帧速率】为"25"，【持续时间】为"0:00:05:00"，如图 2-62 所示。

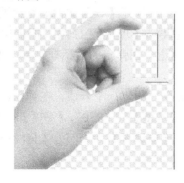

图 2-60

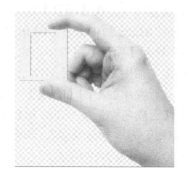

图 2-61

（6）把"Slide In Left IIand"合成从【项目】窗口拖到【时间轴】窗口中的"Slide1"合成中，再把素材"01.jpg"从【项目】窗口拖到【时间轴】窗口中的"Slide1"合成中，把它放置到"Slide In Left Hand"图层的下面，调整"Slide In Left Hand"图层的位置，再调整"01.jpg"图层的位置及大小，使它位于相框的内部，如图 2-63 所示。

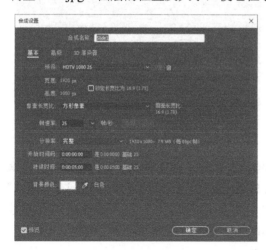

图 2-62

图 2-63

（7）在【项目】窗口中选择"Slide1"合成复制一份，重命名为"Slide2"，在【时间轴】窗口中，打开"Slide2"合成，把其中的"01.jpg"图层删除，重新从【项目】窗口中把素材"02.jpg"拖到合成中，调整图层位置及大小，如图 2-64 所示。

（8）在【项目】窗口中选择"Slide1"合成复制一份，重命名为"Slide3"，在【时间轴】窗口中，打开"Slide3"合成，删除原来的两个图层，重新从【项目】窗口中把"Slide In Right Hand"合成和素材"03.jpg"拖到合成中，调整图层位置及大小，如图 2-65 所示。

（9）在【项目】窗口中选择"Slide3"合成复制一份，重命名为"Slide4"，在【时间轴】窗口中，打开"Slide4"合成，把其中的"03.jpg"图层删除，重新从【项目】窗口中把素材"04.jpg"拖到合成中，调整图层位置及大小，如图 2-66 所示。

图 2-64

图 2-65

图 2-66

2.7.2 关键帧动画

🔘 **操作步骤**

（1）执行菜单栏中的【合成】→【新建合成】命令，新建一个合成，在弹出的对话框中将其重命名为"Final Comp"，设置【宽度】为"1280"，【高度】为"720"，【像素长宽比】为"方形像素"，即像素长宽比为1:1，【帧速率】为"25"，【持续时间】为"0:00:20:00"，如图 2-67 所示。

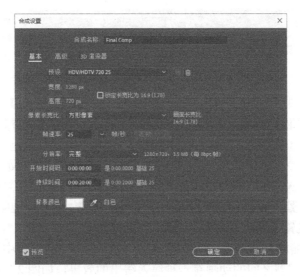

图 2-67

（2）把"Slide1"合成从【项目】窗口拖到【时间轴】窗口的"Final Comp"合成中，为它制作从画面左侧移到画面中、上下抖动后淡出的效果。

展开"Slide1"图层下面的属性，在 0:00:00:15 处，单击【位置】【缩放】【旋转】左侧的码表，创建一个关键帧，属性值为默认值；在 0:00:00:00 处，设置【位置】值为"-187.0,442.0"，【缩放】值为"85%"，【旋转】值为"-5.0°"，为它们创建关键帧；在 0:00:04:10 处，设置【位置】值为"640.0,360.0"，创建关键帧；在 0:00:04:12 处，设置【位置】值为"640.0,400.0"，创建关键帧；在 0:00:04:14 处，设置【位置】值为"640.0,320.0"，创建关键帧；在 0:00:04:16 处，设置【位置】值为"640.0,400.0"，创建关键帧；在 0:00:04:18 处，设置【位置】值为"640.0,320.0"，创建关键帧；在 0:00:04:20 处，设置【位置】值为"640.0,400.0"，创建关键帧；在 0:00:04:22 处，设置【位置】值为"640.0,320.0"，创建关键帧；在 0:00:04:24 处，设置【位置】值为"640.0,360.0"，创建关键帧。

为【不透明度】属性设置关键帧动画，在 0:00:04:18 处，单击【不透明度】左侧的码表，创建关键帧，【不透明度】值默认为"100%"；在 0:00:04:24 处，设置【不透明度】值为"0%"，创建关键帧，形成淡出的效果。

选中【位置】【缩放】【旋转】属性的所有关键帧，执行右键菜单中的【关键帧辅助】→【缓动】命令，使关键帧之间的动画有一种缓入缓出的效果，如图 2-68 所示。

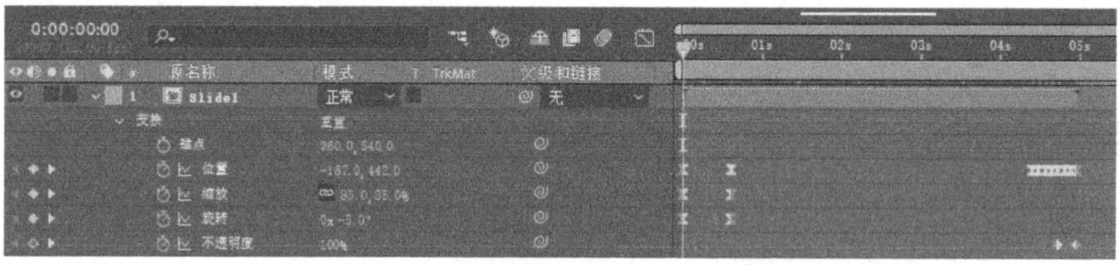

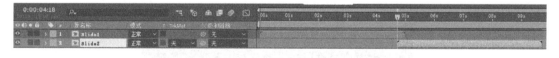

图 2-68

（3）把"Slide2"合成从【项目】窗口拖到【时间轴】窗口的"Final Comp"合成中，设置它的入点为 0:00:04:18，如图 2-69 所示。

图 2-69

展开"Slide2"图层下面的属性，在 0:00:04:18 处，单击【位置】左侧的码表，创建关键帧，设置【位置】值为"640.0,320.0"；在 0:00:04:20 处，设置【位置】值为"640.0,400.0"，创建关键帧；在 0:00:04:22 处，设置【位置】值为"640.0,320.0"，创建关键帧；在 0:00:04:24 处，设置【位置】值为"640.0,360.0"，创建关键帧；在 0:00:09:02 处，创建关键帧，设置【位置】值为"640.0,360.0"；在 0:00:09:17 处，设置【位置】值为"-185.0,442.0"，创建关键帧。在 0:00:09:02 处，单击【缩放】【旋转】左侧的码表，创建关键帧，属性采用默认值；在 0:00:09:17 处，设置【缩放】值为"85%"，【旋转】值为"-5.0°"。

选中【位置】【缩放】【旋转】属性的所有关键帧，执行右键菜单中的【关键帧辅助】→【缓动】命令，使关键帧之间的动画有一种缓入缓出的效果，如图 2-70 所示。

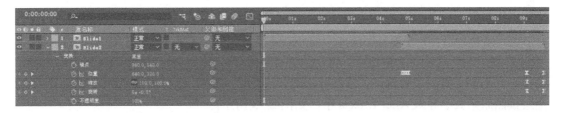

图 2-70

（4）把"Slide3"合成从【项目】窗口拖到【时间轴】窗口的"Final Comp"合成中，设置它的入点为 0:00:09:17，如图 2-71 所示。

图 2-71

选中"Slide1"图层，按快捷键【U】展开它下面所有已经设置了关键帧的属性，选中所有关键帧，按【Ctrl+C】组合键复制这些关键帧，选中"Slide3"图层，设置当前时间为 0:00:09:17，按【Ctrl+V】组合键粘贴这些关键帧。在 0:00:09:17 处，设置"Slide3"图层的【位置】值为"1440.0,442.0"，【旋转】值为"+5.0°"，使"Slide3"图层从右侧进入画面。

（5）把"Slide4"合成从【项目】窗口拖到【时间轴】窗口的"Final Comp"合成中，设置它的入点为 0:00:14:10，如图 2-72 所示。

图 2-72

选中"Slide2"图层，按快捷键【U】展开它下面所有已经设置了关键帧的属性，选中所有关键帧，按【Ctrl+C】组合键复制这些关键帧，选中"Slide4"图层，设置当前时间为 0:00:14:10，按【Ctrl+V】组合键粘贴这些关键帧。在 0:00:19:09 处，设置【位置】值为"1440.0,442.0"，【旋转】值为"+5.0°"，使"Slide4"图层从右侧离开画面。

至此，动画设置完毕，单击【预览】窗口中的【播放】按钮进行预览，可以看到照片在指间变幻。

2.8 典型应用：天使

天使

🔸 **知识与技能**

本例主要学习图层之间父子关系的使用。

父子关系可以将对一个图层所做的变换赋予另一个图层，可以影响除不透明度以外的所有属性。一个图层只能有一个父图层，但一个图层可以是同一个合成中任意多个图层的父图层。一旦将一个图层指定为另一个图层的父图层，另一个图层就被称为子图层。在图层之间建立父子关系后，对父图层所做的修改将引起子图层相应属性值的同步改变。

➡ **操作步骤**

（1）新建项目，在【项目】窗口空白处双击鼠标，打开【导入文件】对话框，选择"背景.jpg"把它导入【项目】窗口中。再次打开【导入文件】对话框，选择"天使.psd"文件，在【导入为】下拉列表中选择"合成-保持图层大小"选项，这样可以把"天使.psd"中的图层按照原始大小导入 After Effects 中，如图 2-73 所示。

（2）执行菜单栏中的【合成】→【新建合成】命令，在弹出的【合成设置】对话框中，设置【合成名称】为"Final Comp"，【预设】为"PAL D1/DV"，【持续时间】为"0:00:05:00"，【背景色】为黑色，如图 2-74 所示。

图 2-73

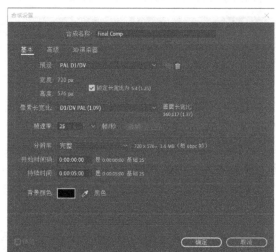
图 2-74

（3）把"背景.jpg"从【项目】窗口拖到【时间轴】窗口的"Final Comp"合成中，在【项目】窗口中双击打开"天使"合成，在【时间轴】窗口中选择"天使"合成中的 3 个图层，按【Ctrl+C】组合键复制，切换到"Final Comp"合成，按【Ctrl+D】组合键粘贴，把"天使"合成的 3 个图层复制到"Final Comp"中。

（4）制作翅膀扇动效果。

在【时间轴】窗口中只显示"左翅膀"图层，隐藏其他 3 个图层，使用工具栏中的【向后平移（锚点）工具】，把锚点设置到左翅膀的根部，如图 2-75 所示。

在【时间轴】窗口中只显示"右翅膀"图层，隐藏其他 3 个图层，使用工具栏中的【向后平移（锚点）工具】，把锚点设置到右翅膀的根部，如图 2-76 所示。

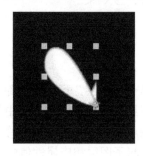
图 2-75

图 2-76

在【时间轴】窗口中显示所有隐藏的图层。把当前时间设置为 0:00:00:00，按住【Shift】键的同时选择"左翅膀"和"右翅膀"图层，按【R】键展开它们下面的【旋转】属性；单击"左翅膀"图层【旋转】左侧的码表，创建关键帧，设置【旋转】值为"+6.0°"；单击"右翅膀"图层【旋转】左侧的码表，创建关键帧，设置【旋转】值为"-6.0°"，如图 2-77 和图 2-78 所示。

图 2-77   图 2-78

把当前时间设置为 0:00:00:05，设置"左翅膀"图层【旋转】值为"-6.0°"，自动创建一个关键帧，设置"右翅膀"图层【旋转】值为"+6.0°"，自动创建一个关键帧，如图 2-79 和图 2-80 所示。

图 2-79

图 2-80

（5）现在天使翅膀扇动动画中的一个循环动作已经完成，在通过关键帧创建动画时，一般只需要制作一个循环动画，其他的循环可以通过表达式来实现。

按住【Alt】键，单击"左翅膀"图层下面的【旋转】左侧的码表，为此属性添加表达式，在【旋转】的表达式输入栏中输入"loopOut(type="pingpong",numKeyframes=0)"语句。

采用同样的方法，为"右翅膀"图层下面的【旋转】属性添加表达式，如图 2-81 所示。

图 2-81

（6）在本例中，天使有移动的效果，翅膀有一边扇动一边跟随天使身体移动的效果，这里只需要设置翅膀和天使的父子关系即可实现这种效果。

在【时间轴】窗口中，分别设置"左翅膀"和"右翅膀"图层的父对象为"天使"图层，如图 2-82 所示。

图 2-82

（7）制作天使的移动效果。由于已经在天使和翅膀之间建立了父子关系，只需要对天使制作移动效果，就可以实现带动翅膀一起移动。

把当前时间设置为 0:00:00:00，把"天使"图层移动到画面的左侧，单击它下面的【位置】左侧的码表，创建关键帧。改变当前时间，调整"天使"图层的位置，创建一些关键帧，实现天使从画面左侧进入到画面右侧离开的效果。

2.9　典型应用：霓裳丽人

⊙ 知识与技能

本例主要学习图表编辑器的使用、关键帧插值及运动模糊的制作。

After Effects 通过对关键帧插值方式的调节来控制运动的状态，不同的关键帧插值可以产生不同的运动状态。关键帧插值有 5 种类型。当在图层中设置了关键帧动画时，在【时间轴】窗口中可以看到关键帧的插值类型显示为以下几种状态，如图 2-83 所示。

| 线性 | 贝塞尔 | 连续贝塞尔 | 自动贝塞尔 | 定格 |

图 2-83

在【时间轴】窗口的上方，单击【图表编辑器】按钮，打开图表编辑器，不同关键帧插值类型如图 2-84 所示。

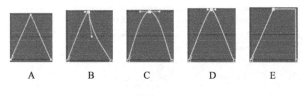

图 2-84

- A 为线性插值：两个线性插值的关键帧之间是直线，运动方式是匀速运动。
- B 为贝塞尔插值：关键帧的左右句柄可以独立进行调节。
- C 为连续贝塞尔插值：关键帧的左右句柄可以独立进行调节，但是句柄总是保持在一条直线上。
- D 为自动贝塞尔插值：自动贝塞尔插值左右句柄都是水平的，当手动调节句柄时，自动贝塞尔插值转变为连续贝塞尔插值。
- E 为定格插值：可以使属性值随时间发生跳跃性的变化，中间没有过渡，直接跳到下一个关键帧。

调整关键帧插值的方法有两种，一种是【关键帧插值】窗口，另一种是【图表编辑器】窗口。

（1）【关键帧插值】窗口。在【时间轴】窗口中选择要应用插值的关键帧，单击鼠标右键，在弹出的快捷菜单中选择【关键帧插值】命令，弹出【关键帧插值】对话框，如图 2-85 所示。

对于【临时插值】，有 6 个选项：当前设置、线性、贝塞尔曲线、连续贝塞尔曲线、自动贝塞尔曲线、定格，如图 2-86 所示。（注：这里临时插值应该翻译为时间插值更为恰当。）

对于【空间插值】，有 5 个选项：当前设置、线性、贝塞尔曲线、连续贝塞尔曲线、自动贝塞尔曲线，如图 2-87 所示。与时间插值不同，它只针对【位置】和【锚点】属性的关键帧有效。

图 2-85

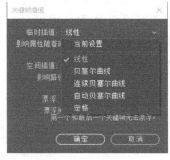

图 2-86

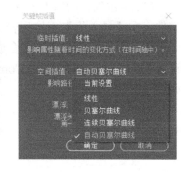

图 2-87

（2）【图表编辑器】窗口。在【时间轴】窗口上方单击【图表编辑器】图标，打开【图表编辑器】。【图表编辑器】以图表的形式显示效果和动画的改变情况，可以很方便地对属性的关键帧、关键帧插值、关键帧速率进行查看和操作。

【图表编辑器】中有两种图表，一种是值图表，用于表现各属性的数值。值图表提供了所有非空间值（如旋转、不透明度等）在合成的任何帧上变化的全部信息及值的控制。如图 2-88 所示为【不透明度】的值图表。

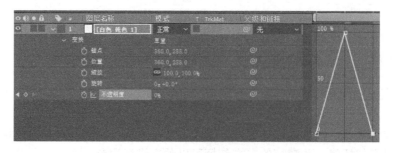

图 2-88

另一种是速率图表，用于表现各属性值改变的速率。速率图表提供了所有空间值（如位置、锚点等）在合成的任何帧上的变化率的信息及变化率的控制。如图 2-89 所示为【位置】的速率图表。

图 2-89

2.9.1　制作背景

操作步骤

（1）新建项目，在【项目】窗口空白处双击鼠标，弹出【导入文件】对话框，选择"girls.psd"文件，在【导入为】下拉列表中选择"合成-保持图层大小"选项，如图 2-90 所示。

（2）执行菜单栏中的【合成】→【新建合成】命令，在弹出的【合成设置】对话框中，设置【合成名称】为"Final Comp"，【预设】为"PAL D1/DV"，【持续时间】为"0:00:10:00"，如图 2-91 所示。

图 2-90

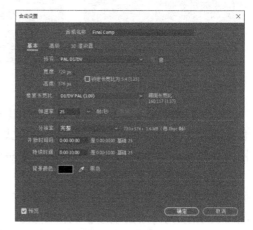

图 2-91

（3）执行菜单栏中的【图层】→【新建】→【纯色】命令，在弹出的对话框中，设置【名称】为"background"，如图 2-92 所示。

（4）在【时间轴】窗口中选择"background"图层，执行菜单栏中的【效果】→【生成】→【梯度渐变】命令，在【效果控件】窗口设置【渐变形状】为"径向渐变"，【渐变起点】为"360.0,288.0"，【起始颜色】为淡蓝色，RGB 值为"147,234,248"；【渐变终点】为"360.0,700.0"，【结束颜色】为深蓝色，RGB 值为"25,134,180"，如图 2-93 和图 2-94 所示。

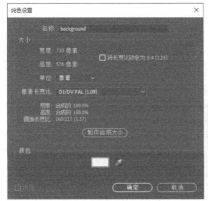  

图 2-92　　　　　　　　　图 2-93　　　　　　　　　图 2-94

2.9.2　关键帧动画

操作步骤

（1）在【项目】窗口中选择导入的"girls.psd"文件中的 7 个图层，把它们拖到【时间轴】窗口，如图 2-95 所示。

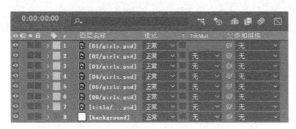

图 2-95

（2）制作人物快速进入画面，在画面中停留一段时间并快速移出画面的动画效果。在【时间轴】窗口显示"01/girls.psd"和"background"图层，隐藏其他 6 个图层。

展开"01/girls.psd"图层下面的属性，把当前时间设置为 0:00:00:05，单击【位置】【缩放】【不透明度】左侧的码表，为它们创建关键帧，属性值为默认值，如图 2-96 和图 2-97 所示。

把当前时间设置为"0:00:00:00"，把"01/girls.psd"图层移到画面的左边，为【位置】自动创建一个关键帧；设置【缩放】属性值为"250%,250%"，创建一个关键帧；设置【不透明度】属性值为"0%"，创建一个关键帧，如图 2-98 和图 2-99 所示。

图 2-96

图 2-97

图 2-98

图 2-99

把当前时间设置为 0:00:01:10，把"01/girls.psd"图层向右稍微移动一些距离，为【位置】自动创建一个关键帧，如图 2-100 和图 2-101 所示。

图 2-100

图 2-101

把当前时间设置为 0:00:01:15，把"01/girls.psd"图层移到画面右边，为【位置】自动创建一个关键帧，如图 2-102 和图 2-103 所示。

图 2-102

图 2-103

（3）在【时间轴】窗口显示 "02/girls.psd" 和 "background" 图层，隐藏其他 6 个图层。
展开 "02/girls.psd" 图层下面的属性，把当前时间设置为 0:00:02:00，单击【位置】【缩放】【不透明度】左侧的码表，为它们创建关键帧，属性值为默认值，如图 2-104 和图 2-105 所示。

图 2-104

图 2-105

把当前时间设置为 0:00:01:20，把 "02/girls.psd" 图层移到画面的左边，为【位置】自动创建一个关键帧；设置【缩放】属性值为 "250%,250%"，创建一个关键帧；设置【不透明度】属性值为 "0%"，创建一个关键帧，如图 2-106 和图 2-107 所示。

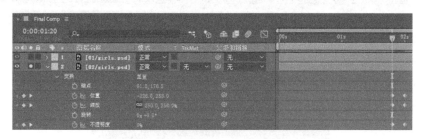

图 2-106

图 2-107

把当前时间设置为 0:00:03:05，把 "02/girls.psd" 图层向右稍微移动一些距离，为【位置】自动创建一个关键帧，如图 2-108 和图 2-109 所示。

图 2-108

图 2-109

把当前时间设置为 0:00:03:10，把"02/girls.psd"图层移到画面右边，为【位置】自动创建一个关键帧，如图 2-110 和图 2-111 所示。

图 2-110

图 2-111

（4）在【时间轴】窗口显示"03/girls.psd"和"background"图层，隐藏其他 6 个图层。

展开"03/girls.psd"图层下面的属性，把当前时间设置为 0:00:03:20，单击【位置】【缩放】【不透明度】左侧的码表，为它们创建关键帧，属性值为默认值，如图 2-112 和图 2-113 所示。

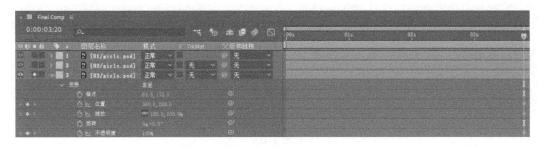

图 2-112

图 2-113

把当前时间设置为 0:00:03:15，把"03/girls.psd"图层移到画面的右边，为【位置】自动创建一个关键帧；设置【缩放】属性值为"250%,250%"，创建一个关键帧；设置【不透明度】属性值为"0%"，创建一个关键帧，如图 2-114 和图 2-115 所示。

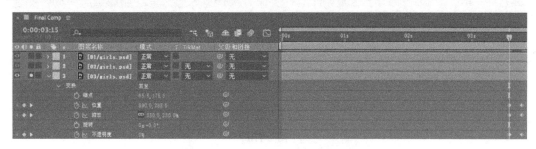

图 2-114

图 2-115

把当前时间设置为 0:00:05:00，把"03/girls.psd"图层向左稍微移动一些距离，为【位置】自动创建一个关键帧，如图 2-116 和图 2-117 所示。

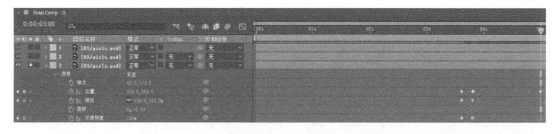

图 2-116

图 2-117

把当前时间设置为 0:00:05:05，把"03/girls.psd"图层移到画面左边，为【位置】自动
创建一个关键帧，如图 2-118 和图 2-119 所示。

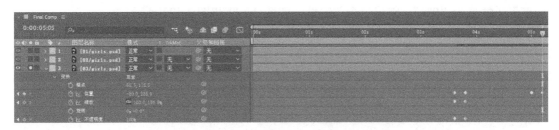

图 2-118

图 2-119

（5）在【时间轴】窗口显示"04/girls.psd"和"background"图层，隐藏其他 6 个图层。

展开"04/girls.psd"图层下面的属性，把当前时间设置为 0:00:05:15，单击【位置】【缩
放】【不透明度】左侧的码表，为它们创建关键帧，属性值为默认值，如图 2-120 和图 2-121
所示。

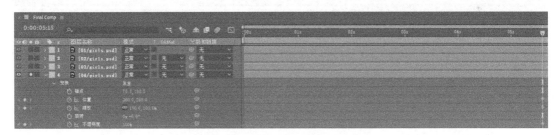

图 2-120

图 2-121

把当前时间设置为 0:00:05:10，把"04/girls.psd"图层移到画面的右边，为【位置】自动创建一个关键帧；设置【缩放】属性值为"250%,250%"，创建一个关键帧；设置【不透明度】属性值为"0%"，创建一个关键帧，如图 2-122 和图 2-123 所示。

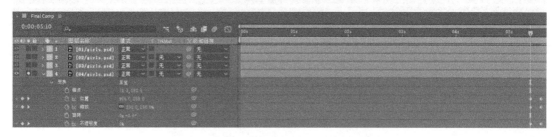

图 2-122

图 2-123

把当前时间设置为 0:00:06:20，把"04/girls.psd"图层向左稍微移动一些距离，为【位置】自动创建一个关键帧，如图 2-124 和图 2-125 所示。

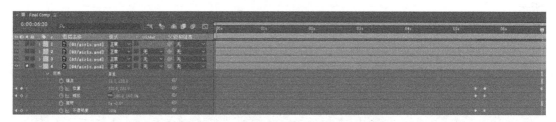

图 2-124

图 2-125

把当前时间设置为 0:00:07:00，把"04/girls.psd"图层移到画面左边，为【位置】自动创建一个关键帧，如图 2-126 和图 2-127 所示。

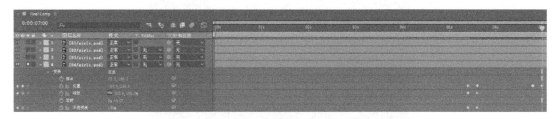

图 2-126

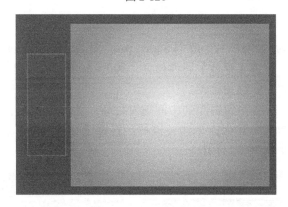

图 2-127

（6）在【时间轴】窗口显示"05/girls.psd""06/girls.psd""background"图层，隐藏其他 5 个图层。

展开"05/girls.psd"图层下面的属性，把当前时间设置为 0:00:07:05，单击【位置】左侧的码表，把"05/girls.psd"移到画面的右边，创建关键帧；单击【缩放】左侧的码表，设置属性值为"250%,250%"，创建关键帧；单击【不透明度】左侧的码表，设置其属性值为"0%"，创建关键帧。

展开"06/girls.psd"图层下面的属性，把当前时间设置为 0:00:07:05，单击【位置】左侧的码表，把"06/girls.psd"移到画面的左边；创建关键帧；单击【缩放】左侧的码表，设置属性值为"250%,250%"，创建关键帧；单击【不透明度】左侧的码表，设置其属性值为"0%"，创建关键帧。如图 2-128 和图 2-129 所示。

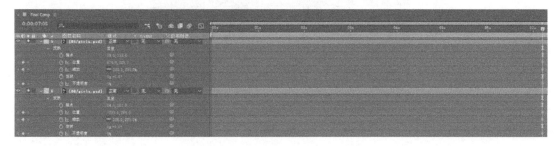

图 2-128

图 2-129

　　把当前时间设置为 0:00:07:10，把 "05/girls.psd" 图层移到画面的中间偏右位置，为【位置】自动创建关键帧；设置【缩放】属性值为 "100%,100%"，创建关键帧；设置【不透明度】属性值为 "100%"，创建关键帧。

　　把 "06/girls.psd" 图层移到画面的中间偏左位置，为【位置】自动创建关键帧；设置【缩放】属性值为 "100%,100%"，创建关键帧；设置【不透明度】属性值为 "100%"，创建关键帧，如图 2-130 和图 2-131 所示。

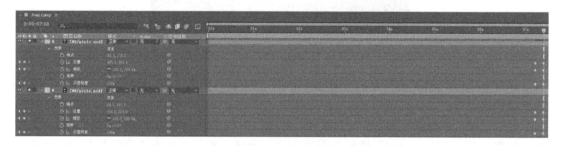

图 2-130

图 2-131

　　把当前时间设置为 0:00:08:15，把 "05/girls.psd" 图层移到画面的中间位置，为【位置】自动创建关键帧；把 "06/girls.psd" 图层移到画面的中间位置，为【位置】自动创建关键帧，如图 2-132 和图 2-133 所示。

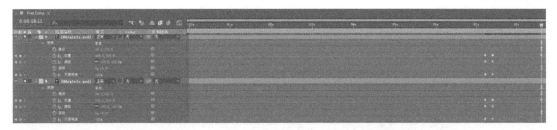

图 2-132

图 2-133

把当前时间设置为 0:00:08:20，把"05/girls.psd"图层移到画面的右边，为【位置】自动创建关键帧；把"06/girls.psd"图层移到画面的左边，为【位置】自动创建关键帧，如图 2-134 和图 2-135 所示。

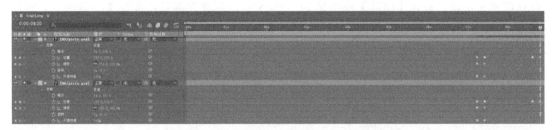

图 2-134

图 2-135

（7）在【时间轴】窗口显示"title/girls.psd"和"background"图层，隐藏其他 6 个图层。

展开"title/girls.psd"图层下面的属性，把当前时间设置为 0:00:09:05，单击【位置】【缩放】【不透明度】左侧的码表，为它们创建关键帧，属性值为默认值，如图 2-136 和图 2-137 所示。

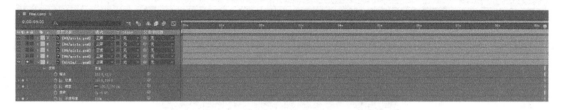

图 2-136

图 2-137

把当前时间设置为 0:00:09:00，把"title/girls.psd"图层移到画面的上面，为【位置】自动创建关键帧；设置【缩放】属性值为"5%,5%"，创建关键帧；设置【不透明度】属性值为"0%"，创建关键帧，如图 2-138 和图 2-139 所示。

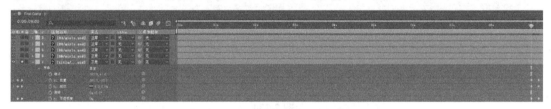

图 2-138

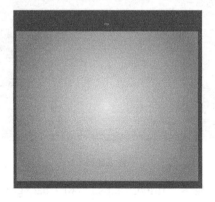

图 2-139

2.9.3 关键帧插值

（1）播放预览动画效果，发现在人物向前移动过程中会出现向后退的问题，这是由于关键帧之间的插值默认是曲线，下面对此问题进行调整。

在【时间轴】窗口中同时选择"01/girls.psd"～"title/girls.psd"7 个图层，按快捷键【P】展开图层下面的【位置】属性，依次选择每个图层的【位置】属性的所有关键帧，执行右键快捷菜单中的【关键帧插值】命令，在弹出的【关键帧插值】对话框中，设置【空间插值】为"线性"，即可解决上述问题，如图 2-140 所示。

（2）播放预览动画，发现人物的运动基本是匀速运动，动画效果很单调，下面调整人物的运动方式。

在【时间轴】窗口中，选择"01/girls.psd"图层的【位置】属性，单击【时间轴】上方的【图表编辑器】图标，打开图表编辑器，如图 2-141 所示。

图 2-140   图 2-141

可以看到"01/girls.psd"图层的【位置】属性在几个时间段内都是匀速运动，这里可以设置关键帧的缓入缓出，使关键帧之间有一个加速和减速的过程。先关闭【图表编辑器】，选择"01/girls.psd"图层的【位置】属性的所有关键帧，执行右键快捷菜单中的【关键帧辅助】→【缓动】命令，再打开【图表编辑器】，如图 2-142 所示。

图 2-142

其他几个图层的【位置】属性的关键帧也按照同样的方法设置，这里不再一一叙述。

2.9.4 运动模糊

运动模糊是视频编辑领域内的一个重要概念，当回放拍摄的视频时，会看到快速运动物体的成像是不清晰的，这种由于运动产生的模糊效果，称为运动模糊。

开启运动模糊需要满足以下 3 个条件。

- 图层的运动由关键帧产生。
- 打开图层的运动模糊开关。
- 打开合成的运动模糊开关。

下面对"01/girls.psd"～"title/girls.psd"7 个图层设置运动模糊效果，在【时间轴】窗口中打开每个图层的"运动模糊"开关，在【时间轴】窗口的上方打开合成的"运动模糊"开关，如图 2-143 和图 2-144 所示。

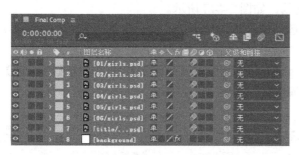

图 2-143

图 2-144

第3章
蒙版应用

本章学习目标

◆ 了解蒙版的用途及熟悉绘制蒙版的工具。

◆ 掌握蒙版的属性及蒙版的多种模式的使用。

◆ 掌握蒙版绘制图形及路径。

规则蒙版创建

3.1 初步了解蒙版

1. 蒙版的用途

不规则蒙版创建

蒙版英文名为 Mask，一般用于抠像。但是蒙版除了抠像，还有其他的用途，如绘制矢量图形或被效果使用等。蒙版的用途主要如下。

（1）进行矢量绘图。

（2）绘制封闭的或者不封闭的路径，跟效果结合使用。

（3）封闭的蒙版可用于抠像。

蒙版的抠像功能参见后面的章节，本章只讲解蒙版的前两种用途。

2. 蒙版的创建

创建蒙版必须要先选择图层，然后才能在图层上绘制蒙版；否则，蒙版工具会创建一个新的形状图层。

可以使用工具栏中的以下工具绘制规则的蒙版，如图 3-1 所示。

• 矩形工具，按住【Shift】键可绘制正方形。

• 圆角矩形工具。

• 椭圆工具，按住【Shift】键可绘制圆形。

• 多边形工具。

• 星形工具。

使用以上 5 种工具绘制的规则蒙版如图 3-2 所示。

也可以使用工具栏中的以下工具绘制不规则的蒙版，如图 3-3 所示。

• 钢笔工具，可以绘制任意形状的封闭或不封闭的蒙版。

• 添加"顶点"工具，可以在绘制的蒙版上面添加顶点。

• 删除"顶点"工具，可以在绘制的蒙版上面删除顶点。

• 转换顶点工具，可以在直线与曲线之间进行转换。

图 3-1　　　　　　　　　　图 3-2　　　　　　　　　图 3-3

- 蒙版羽化工具，可以对蒙版进行羽化操作。

使用钢笔工具绘制的不规则蒙版如图 3-4 所示。

图 3-4

3.2　蒙版的属性及模式

3.2.1　蒙版属性

蒙版属性

在【时间轴】窗口中展开应用了蒙版的图层，单击图层左侧的小三角展开蒙版属性，如图 3-5 所示。

（1）蒙版路径：对蒙版的形状进行控制。

（2）蒙版羽化：对蒙版的边缘进行羽化操作。设置一个适当的羽化值，可以让它和背景融合得更自然。

（3）蒙版不透明度：可以控制蒙版内部的不透明度，它只影响图层上蒙版内部区域的不透明度，而不影响图层上蒙版外部区域的不透明度。

（4）蒙版扩展：可以对当前蒙版进行扩展或收缩，当数值为正时，蒙版的范围在原始基础上进行向外扩展；当数值为负时，蒙版的范围在原始基础上进行向内收缩。

默认情况下，图层在蒙版内部正常显示，在蒙版外部透明，可以通过勾选"反转"选项，反转蒙版来改变蒙版的显示区域，使蒙版内部透明，蒙版外部正常显示。

3.2.2　蒙版模式

蒙版模式

蒙版模式决定了蒙版如何在图层上起作用，在默认情况下，蒙版模式为"相加"。当一个图层上有多个蒙版时，可以通过设置蒙版模式来产生复杂的几何形状。单击蒙版右侧的下拉列表，可以选择蒙版的不同模式，如图 3-6 所示。

图 3-5   图 3-6

创建一个新项目，新建合成，新建一个红色的纯色图层，在图层上使用工具栏中的【椭圆工具】绘制一个椭圆"蒙版 1"，设置【蒙版不透明度】为"60%"；再使用工具栏中的【矩形工具】绘制一个矩形"蒙版 2"，设置【蒙版不透明度】为"30%"。下面通过设置"蒙版 2"的不同模式来查看蒙版在不同模式下的特点。

（1）无：蒙版的这种模式不会在图层上产生透明区域，系统会忽略蒙版的效果。如果需要为某种效果指定一个路径，就可以将蒙版的模式设为"无"，如图 3-7 和图 3-8 所示。

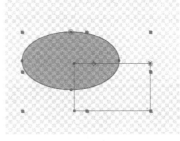

图 3-7   图 3-8

（2）相加：显示所有蒙版内容，蒙版相交部分不透明度相加，如图 3-9 和图 3-10 所示。

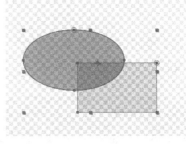

图 3-9   图 3-10

（3）相减：上面的蒙版减去下面的蒙版，被减去区域的内容不显示，相交部分的不透明度相减，如图 3-11 和图 3-12 所示。

（4）交集：只显示所选蒙版与其他蒙版相交部分的内容，所有相交部分的不透明度相减，如图 3-13 和图 3-14 所示。

（5）变亮：与相加模式相似，但蒙版相交部分的不透明度以蒙版的不透明度值大的为准，如图 3-15 和图 3-16 所示。

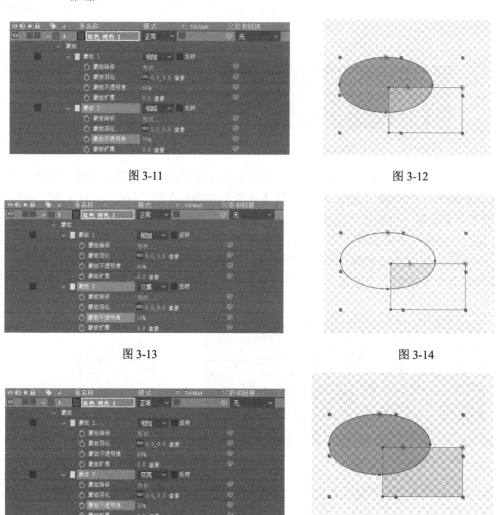

图 3-11

图 3-12

图 3-13

图 3-14

图 3-15

图 3-16

（6）变暗：与交集模式相似，但蒙版相交部分的不透明度以蒙版的不透明度值小的为准，如图 3-17 和图 3-18 所示。

图 3-17

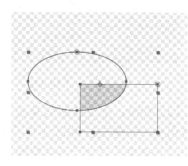
图 3-18

（7）差值模式：相交部分以外的所有蒙版区域按照原不透明度正常显示，相交部分的不透明度相减，如图 3-19 和图 3-20 所示。

图 3-19

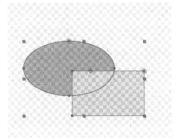

图 3-20

3.3 边学边做：云间城堡

云间城堡

知识与技能

本例主要学习绘制蒙版以及通过设置同一图层上的多个蒙版之间的模式制作矢量图形。

操作步骤

（1）新建项目，执行菜单栏中的【合成】→【新建合成】命令，在弹出的【合成设置】对话框中，设置【合成名称】为"House Comp"，在【预设】下拉列表中选择"PAL D1/DV"选项，如图 3-21 所示。

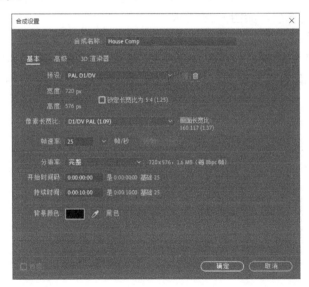

图 3-21

（2）制作背景。执行菜单栏中的【图层】→【新建】→【纯色】命令，新建一个白色的纯色图层作为背景。

（3）绘制房屋。执行菜单栏中的【图层】→【新建】→【纯色】命令，新建一个橘红色的纯色图层。在【时间轴】窗口中，选择该纯色图层，使用工具栏中的【矩形工具】绘制一个"蒙版 1"，如图 3-22 所示。

使用工具栏中的【椭圆工具】绘制一个"蒙版 2"，如图 3-23 所示。

使用工具栏中的【钢笔工具】绘制一个"蒙版 3"，如图 3-24 所示。

（4）绘制窗户。执行菜单栏中的【图层】→【新建】→【纯色】命令，新建一个黑色纯色图层。在【时间轴】窗口中，选择该纯色图层，为了便于绘制，暂时把它隐藏不显示。使用工具栏中的【矩形工具】在黑色纯色图层上绘制"蒙版 1"，如图 3-25 所示。

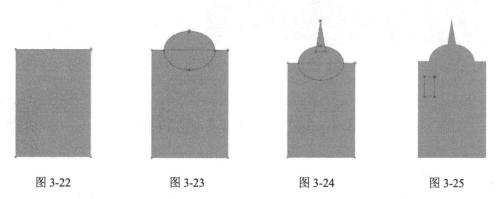

| 图 3-22 | 图 3-23 | 图 3-24 | 图 3-25 |

在【时间轴】窗口中选择黑色纯色图层上的"蒙版 1"，按【Ctrl+D】组合键复制三份，使用键盘上的方向箭头，移动它们到如图 3-26 所示位置。

在【时间轴】窗口中按住【Shift】键，依次选择"蒙版 1"～"蒙版 4"，按【Ctrl+D】组合键再次复制一份，用键盘上的方向箭头，移动它们到如图 3-27 所示位置。

再将"蒙版 1"～"蒙版 4"复制一份，用键盘上的方向箭头，移动它们到合适位置后，显示该黑色纯色图层，如图 3-28 所示。

（5）把【时间轴】窗口中的黑色纯色图层复制一份，选择上面的黑色纯色图层，执行菜单栏中的【图层】→【纯色设置】命令，在弹出的对话框中设置纯色图层颜色为白色。

选择该图层下面的所有蒙版，设置【蒙版扩展】值为"-5"，使蒙版向内收缩，如图 3-29 所示。

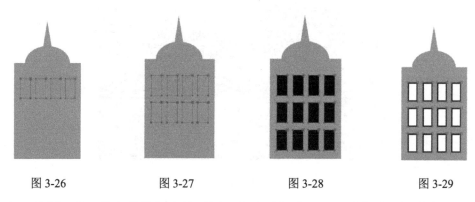

| 图 3-26 | 图 3-27 | 图 3-28 | 图 3-29 |

（6）绘制云朵。执行菜单栏中的【图层】→【新建】→【纯色图层】命令，新建一个黑色纯色图层。先隐藏该纯色图层，使用工具栏中的【钢笔工具】绘制一个云朵状的蒙版后再显示该图层。在绘制过程中按住【Alt】键，单击顶点，可以改变顶点的类型。这里需要单独调节顶点两侧的曲线形状，把顶点转换成曲线顶点后，按住【Ctrl】键拖动顶点两侧的控制手柄，可以在顶点两侧进行单独调节，如图 3-30 所示。

（7）在【时间轴】窗口中选择云朵图层，按【Ctrl+D】组合键复制一份，选择上面的图层，执行菜单栏中的【图层】→【纯色设置】命令，在弹出的对话框中设置纯色图层颜色为白色。

（8）在【时间轴】窗口中选择黑色的云朵图层，展开它下面的【蒙版羽化】，设置蒙版羽化值为"75"，最终效果如图 3-31 所示。

图 3-30   图 3-31

3.4 典型应用：移走迷宫

知识与技能

本例主要学习使用蒙版绘制图形、路径，并把路径结合效果一起使用。

3.4.1 创建吃豆人

操作步骤

（1）新建项目，执行菜单栏中的【合成】→【新建合成】命令，在弹出的【合成设置】对话框中，设置【合成名称】为"Pac Man"，【宽度】为"50"，【高度】为"50"，【像素长宽比】为"D1/DV PAL (1.09)"，【帧速率】为"25"，【持续时间】为"0:00:05:00"，如图 3-32 所示。

（2）执行菜单栏中的【图层】→【新建】→【纯色】命令，在弹出的【纯色设置】对话框中，单击【制作合成大小】按钮使纯色图层的大小和合成相同，设置【颜色】为黄色，RGB 值"255,255,0"，如图 3-33 所示。

（3）在【时间轴】窗口中选择该纯色图层，使用工具栏中的【椭圆工具】按住【Shift】键绘制一个圆形"蒙版 1"，如图 3-34 所示。

使用工具栏中的【钢笔工具】在该纯色图层上绘制嘴巴"蒙版 2"，在【时间轴】窗口中展开纯色图层下面的"蒙版 2"，设置它的模式为"相减"，使它与"蒙版 1"相减，如图 3-35 和图 3-36 所示。

（4）制作贪吃人吞吃豆子的动画。展开【时间轴】窗口中纯色图层下面的"蒙版 2"，把当前时间设为 0:00:00:00，单击"蒙版 2"下面的【蒙版路径】左侧的码表，创建一个关键帧；把当前时间设置为 0:00:00:10，调整"蒙版 2"的形状为嘴巴闭合，自动创建一个关键帧，如图 3-37 所示。

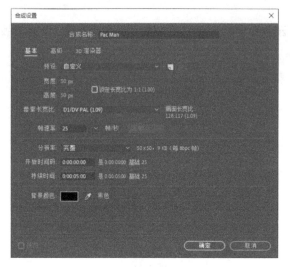

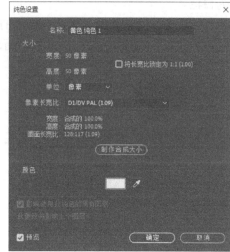

图 3-32   图 3-33

图 3-34   图 3-35

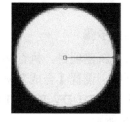

图 3-36   图 3-37

（5）现在已经制作了一个嘴巴从张开到闭合的动画，这只是嘴巴张合动画中的一个循环动作，后面的动画只是重复前面两个关键帧的状态，只需要把刚才制作的两个关键帧同时选中，进行多次复制粘贴操作即可实现，如图 3-38 所示。

图 3-38

3.4.2　创建怪物

操作步骤

（1）执行菜单栏中的【合成】→【新建合成】命令，在弹出的【合成设置】对话框中，设置【合成名称】为"Monster"，【宽度】为"50"，【高度】为"50"，【像素长宽比】为"D1/DV PAL (1.09)"，【帧速率】为"25"，【持续时间】为"0:00:05:00"，如图 3-39 所示。

（2）执行菜单栏中的【图层】→【新建】→【纯色】命令，在弹出的【纯色设置】对话框中，单击【制作合成大小】按钮，使固态层的大小与合成相同，设置颜色为洋红色，RGB 值为"255,0,255"，如图 3-40 所示。

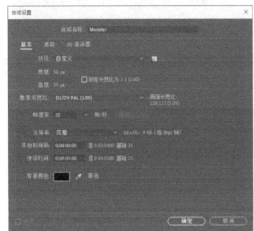

图 3-39　　　　　　　　　　　　　　　图 3-40

（3）在【时间轴】窗口中，选择洋红色纯色图层，使用工具栏中的【钢笔工具】绘制一个怪物身体的蒙版，如图 3-41 所示。

（4）执行菜单栏中的【图层】→【新建】→【纯色】命令，在弹出的【纯色设置】对话框中，单击【制作合成大小】按钮，使纯色图层的大小与合成相同，设置颜色为白色，如图 3-42 所示。

图 3-41　　　　　　　　　　　　　　　图 3-42

（5）在【时间轴】窗口中选择白色纯色图层，使用工具栏中的【椭圆工具】绘制怪物的两只眼睛，如图 3-43 所示。

（6）执行菜单栏中的【图层】→【新建】→【纯色】命令，在弹出的【纯色设置】对话框中，单击【制作合成大小】按钮，使纯色图层的大小与合成相同，设置颜色为蓝色，RGB 值为 "0,0,255"，如图 3-44 所示。

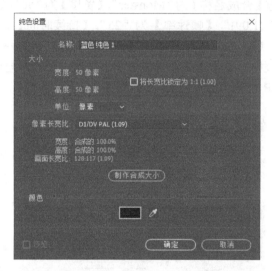

图 3-43   图 3-44

（7）在【时间轴】窗口中选择蓝色纯色图层，使用工具栏中的【椭圆工具】绘制怪物的两个眼球，如图 3-45 所示。

图 3-45

3.4.3　创建背景

➡ 操作步骤

（1）执行菜单栏中的【合成】→【新建合成】命令，在弹出的【合成设置】对话框中，设置【合成名称】为 "Final Comp"，【预设】下拉列表选择 "PAL D1/DV" 选项，【持续时间】为 "0:00:05:00"，如图 3-46 所示。

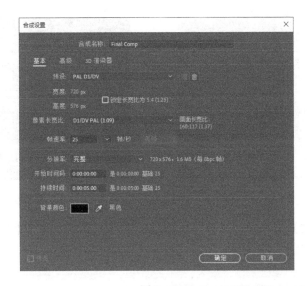

图 3-46

（2）执行菜单栏中的【图层】→【新建】→【纯色】命令，在弹出的【纯色设置】对话框中，单击【制作合成大小】按钮，使纯色图层的大小与合成相同，设置颜色为白色，如图 3-47 所示。

（3）在【时间轴】窗口中，先隐藏纯色图层，使用工具栏中的【矩形工具】和【钢笔工具】绘制迷宫，绘制完成后再显示该图层，如图 3-48 所示。

图 3-47

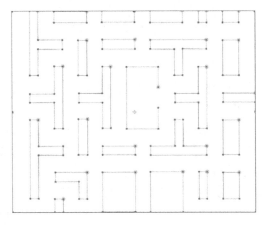

图 3-48

（4）在【时间轴】窗口中，选择纯色图层，执行菜单栏中的【效果】→【生成】→【描边】命令。在【效果控件】窗口中设置描边的参数，勾选"所有蒙版"选项，对所有蒙版都进行描边，设置【颜色】为蓝色，【绘画样式】为"在透明背景上"。这样只保留描边的颜色，而不保留纯色图层本身的颜色，如图 3-49 和图 3-50 所示。

（5）执行菜单栏中的【图层】→【新建】→【纯色】命令，在弹出的【纯色设置】对话框中，单击【制作合成大小】按钮，使纯色图层的大小与合成相同，设置颜色为白色，如图 3-51 所示。

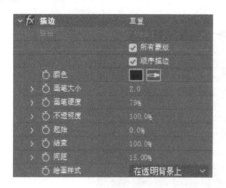
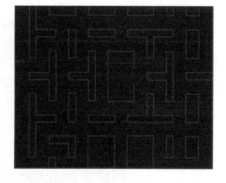

图 3-49 图 3-50

（6）在【时间轴】窗口中，选择纯色图层，使用工具栏中的【钢笔工具】绘制生成豆子所需要的蒙版，如图 3-52 所示。

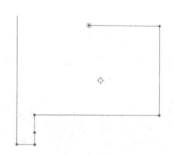

图 3-51 图 3-52

这里绘制蒙版的时候要注意，由于要制作吃豆子的动画效果，所以该部分蒙版必须连续不间断。

（7）在【时间轴】窗口中，选择该纯色图层，执行菜单栏中的【效果】→【生成】→【描边】命令。在【效果控件】窗口中设置描边的参数，勾选"所有蒙版"选项，对所有蒙版都进行描边，设置【颜色】为黄色，RGB 值为"255,255,0"，【画笔大小】为"6"，【间距】为"100%"，【绘画样式】为"在透明背景上"，使该纯色图层只显示豆子，如图 3-53 和图 3-54 所示。

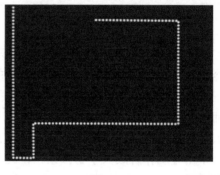

图 3-53 图 3-54

（8）下面再随意制作一些豆子效果。执行菜单栏中的【图层】→【新建】→【纯色】命令，在弹出的【纯色设置】对话框中，单击【制作合成大小】按钮，使纯色图层的大小与合成相同，设置颜色为白色，如图 3-55 所示。

（9）在【时间轴】窗口中，选择该纯色图层，使用工具栏中的【钢笔工具】随意绘制生成豆子所需要的蒙版，把"白色 纯色 3"图层上的描边效果复制到"白色 纯色 4"图层上，如图 3-56 所示。

图 3-55

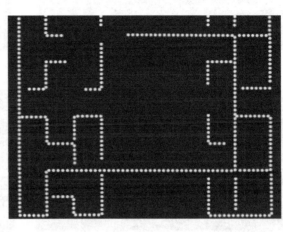

图 3-56

3.4.4 制作动画

操作步骤

（1）先制作豆子被吃掉消失的动画，这里要了解豆子是由【描边】效果产生的，【描边】效果中有两个参数【起始】和【结束】，可以设置描边的起始位置和结束位置。这里可以通过设置【起始】参数制作关键帧使豆子产生消失的效果。

把当前时间设置为 0:00:00:00，在【时间轴】窗口的"Final Comp"合成中选择"白色 纯色 3"纯色图层，在【效果控件】窗口中，单击【起始】参数左侧的码表，为它创建一个关键帧，设置其参数的值为"0%"；把当前时间设置为 0:00:04:24，设置【起始】参数的值为"50%"，自动创建一个关键帧，如图 3-57 所示。

（2）制作吃豆人在迷宫中移动的动画。把"Pac Man"合成从【项目】窗口拖到【时间轴】窗口的"Final Comp"合成中，适当调整"Pac Man"图层的大小。为了制作吃豆人移动的动画，需要为"Pac Man"图层的【位置】制作关键帧。把当前时间设置为 0:00:00:00，单击"Pac Man"图层下面的【位置】参数左侧的码表，创建一个关键帧，用工具栏中的【选取工具】把它移动到开始位置，如图 3-58 所示。

移动当前时间，查找豆子在第 1 个拐角处消失所在的帧，把吃豆人"Pac Man"移到第 1 个拐角处，为【位置】参数自动创建一个关键帧，如图 3-59 所示。

移动当前时间，查找豆子在第 2 个拐角处消失所在的帧，把吃豆人"Pac Man"移到第 2 个拐角处，为【位置】参数自动创建一个关键帧，如图 3-60 所示。

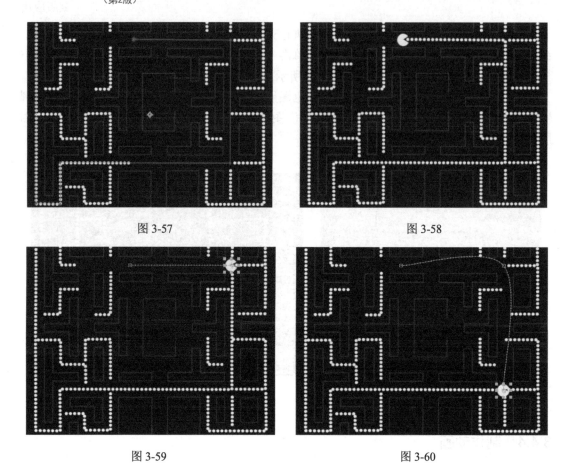

图 3-57   图 3-58

图 3-59   图 3-60

移动当前时间到 0:00:04:24，把吃豆人"Pac Man"移到豆子消失动画的结束位置，为【位置】参数自动创建一个关键帧，如图 3-61 所示。

（3）现在播放预览，可以看到吃豆人经过的地方豆子随之消失，但是这个动画还有两个问题：一是吃豆人经过的路线并不是我们预想的直线段，而是曲线；二是吃豆人的嘴巴始终向右，并没有随着路线的前进方向而进行调整。先解决第 1 个问题，在【时间轴】窗口中选择"Pac Man"图层下面的【位置】参数的所有关键帧，执行右键快捷菜单中的【关键帧插值】命令，在弹出的对话框中设置【空间插值】为"线性"，这样两个关键帧之间的路线就是直线段了，如图 3-62 所示。

第 2 个问题可以通过自动调整吃豆人的朝向来解决。选择"Pac Man"图层，执行菜单栏中的【图层】→【变换】→【自动定向】命令，在弹出的对话框中选择"沿路径定向"选项，如图 3-63 所示。

（4）制作怪物追赶吃豆人的动画效果。把"Monster"合成从【项目】窗口拖到【时间轴】窗口的"Final Comp"合成的顶部，设置【缩放】参数的值为"80%"。怪物追赶吃豆人的动画就是为"Monster"图层制作【位置】参数的关键帧动画，由于怪物移动的路线比较复杂，如果直接为【位置】参数设置关键帧会比较烦琐，这里通过绘制蒙版来解决。

执行菜单栏中的【图层】→【新建】→【纯色】命令，在弹出的【纯色设置】对话框中，重命名【名称】为"Path"，单击【制作合成大小】按钮，使固态层的大小与合成相同，如图 3-64 所示。

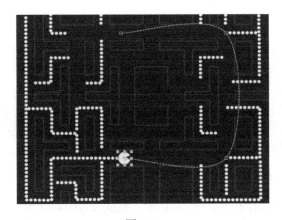

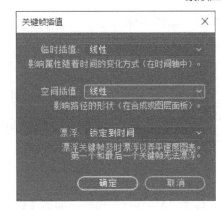

图 3-61

图 3-62

图 3-63

图 3-64

隐藏"Path"图层，显示它下面的场景作为参考来绘制蒙版。选择"Path"图层，使用工具栏中的【钢笔工具】绘制怪物移动路线的蒙版，注意在拐角处添加节点，按住【Shift】键可以绘制水平和垂直的线条，如图 3-65 所示。

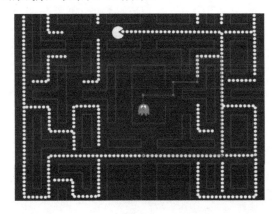

图 3-65

把当前时间设置为 0:00:00:00，展开"Path"图层下面的"蒙版 1"，选择【蒙版路径】，按【Ctrl+D】组合键复制，选择"Monster"图层下面的【位置】参数，按【Ctrl+V】组合键粘贴，如图 3-66 所示。

图 3-66

选择"Monster"图层下面的【位置】参数的最后一个关键帧，拖到 0:00:04:24 处，再播放预览可以看到怪物在追赶吃豆人，最终效果如图 3-67 所示。

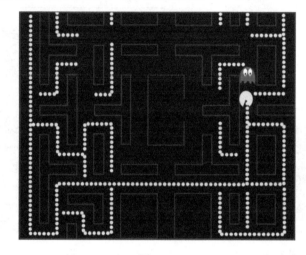

图 3-67

第二篇

合 成 篇

第4章
调　色

本章学习目标

◆ 了解几种色彩模式。

◆ 掌握使用内置工具调整亮度、校正颜色、二级调色、创意调色的方法。

◆ 掌握使用 Magic Buttet Looks 调整亮度、调整阴影、调整高光、校正颜色、创意调色的方法。

4.1　色彩基础

调色是一种改变或协调画面颜色的方法。调色可以用来优化原始素材，将人们的注意力吸引到画面的关键元素上，校正白平衡和曝光中的错误，确保不同画面之间颜色一致，或者为人们所需的特效视觉效果进行艺术性调色。

调色一般分为两个阶段：一级调色和二级调色。一级调色调整的是画面的整体色调、对比度和色彩平衡。在拍摄的过程中，由于种种原因会造成拍摄的素材存在或多或少的问题，例如画面偏色、曝光不足、对比度不够等，所以一级调色的第一步通常是平衡画面。二级调色则主要对画面的特定范围进行调色处理，也就是局部调色。二级调色通常要用蒙版、遮罩等方法创建选区后，再进行局部调色。

当我们拿到一段原始视频素材后，如何知道画面存在哪些问题，又如何去解决这些问题呢？软件仅仅是实现我们想法的工具，在实际操作之前，需要知道一些色彩原理知识。

（1）RGB 色彩模式。RGB 模式是由红、绿、蓝三原色组成的色彩模式，RGB 图像中的每个通道可包含 2^8（256）个不同的色调，3 个通道就可以有 2^{24}（约 1670 万）种不同的颜色。在 After Effects 中，可以对红、绿、蓝 3 个通道的数值进行整体调节或单独调节，来改变图像的色彩。红、绿、蓝三原色，每个通道都有 0～255 的取值范围，当 3 个通道的值都为 0 时，图像为黑色；当 3 个通道的值都为 255 时，图像为白色。

（2）HSB 色彩模式。HSB 模式基于人眼对颜色的感觉而制定，它将颜色看成是由色相、饱和度、亮度组成的。

• Hue（色相）：色相是色彩最基本的属性，是区别于不同色彩的标准。

• Saturation（饱和度）：饱和度是色彩的鲜艳程度，也称为色彩的纯度。饱和度越高，色彩越鲜艳；饱和度越低，色彩越不容易被感知。

• Brightness（亮度）：亮度也称为明度，物体在不同强弱的光线下会产生明暗的差别。

After Effects 中也可以基于 HSB 模式来进行调色。

调整亮度

4.2　边学边做：调整亮度

➡ 知识与技能

本例主要学习使用色阶调整画面的亮度，掌握色阶直方图的查看以及调节方法，掌握调整图层的使用。本例的原始素材是一个曝光过度的视频，如图 4-1 所示。

➡ 操作步骤

（1）新建项目，在【项目】窗口空白处双击鼠标，把素材"shot.mov"导入到【项目】窗口中。本例的画面大小与"shot.mov"相同，可以以"shot.mov"的参数创建新合成，将"shot.mov"拖到【项目】窗口底部的【新建合成】按钮上，创建一个新的合成。

（2）执行菜单栏中的【图层】→【新建】→【调整图层】命令，新建一个调整图层，选中该调整图层，按【Enter】键，将其重命名为"Fixing Exposure"。

调整图层是一种比较特殊的图层，添加后没有任何效果，必须在调整图层上添加效果后才能起作用。添加在调整图层上面的效果会影响它下面的所有图层。一般会在两种情况下使用调整图层：一种是需要对多个图层进行统一处理，但是不想将它们进行合并，则可以在这些图层的上面添加一个调整图层，为调整图层添加效果，就可以影响其下面的所有图层；另一种是不希望效果影响整个画面，如希望调色效果只作用于部分画面的时候，也可以添加一个调整图层，然后对调整图层绘制蒙版，创建选区，使调色效果只作用于蒙版的选区范围内。

（3）选择【时间轴】窗口中的"Fixing Exposure"图层，执行菜单栏中的【效果】→【颜色校正】→【色阶】命令，为画面添加色阶效果，如图 4-2 所示。

图 4-1

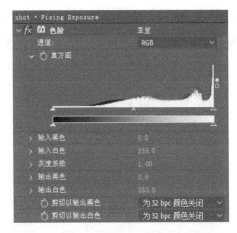

图 4-2

在【效果控件】窗口中观察【色阶】的属性面板，其中有一个名为直方图的图示，色阶能够方便快捷地调整画面亮度，主要就是通过直方图来直观地显示调整参数的变化。

直方图上有 5 个控制滑块，它们分别对应直方图下面的 5 个参数，这 5 个参数从上到下依次介绍如下。

- 输入黑色：把原图像中亮度值为多少定义为纯黑，默认值为 0.0，即纯黑。
- 输入白色：把原图像中亮度值为多少定义为纯白，默认值为 255.0，即纯白。
- 灰度系数：对画面的中间调亮度的调整，默认值为 1.00。
- 输出黑色：调整后的画面把纯黑值定义为多少，默认值为 0.0。
- 输出白色：调整后的画面把纯白值定义为多少，默认值为 255.0。

对于当前图像来说，像素主要集中在中间比较灰的部分及亮部，整个画面缺少暗部，把左侧的小三角（输入黑色）向右拖动，可以看到画面逐渐变暗，画面中有了暗部，这时【输入黑色】的值为"69.0"，这一步调整是将画面中 69.0 的亮度定义为纯黑，那么画面中亮度值低于 69.0 的当然也是纯黑，所以画面会出现暗部，如图 4-3 和图 4-4 所示。

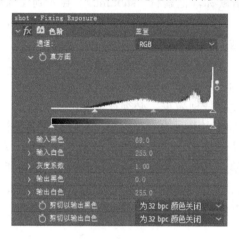

图 4-3

图 4-4

继续拖动中间小三角（灰度系数）向右移动，画面的中间调逐渐变暗，这时【灰度系数】值为"0.67"，如图 4-5 和图 4-6 所示。

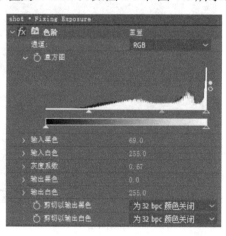

图 4-5

图 4-6

把右侧的小三角（输出白色）向左拖动，可以看到画面的亮部逐渐变暗了一些，这时【输出白色】值为"234.0"，这一步调整是将画面中纯白定义为 234.0，那么画面中原来低于 255.0 值的亮度当然小于 234.0 了，所以画面中的亮部变暗了一些，如图 4-7 和图 4-8 所示。

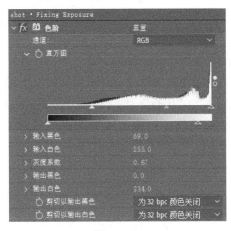

图 4-7

图 4-8

（4）选择【时间轴】窗口中的"Fixing Exposure"图层，执行菜单栏中的【效果】→【颜色校正】→【自然饱和度】命令。设置【自然饱和度】参数的值为"30"，【饱和度】参数的值为"30"，提高画面的饱和度，使画面中的树叶更加苍翠欲滴，如图 4-9 所示。

图 4-9

4.3 边学边做：校正颜色

知识与技能

本例主要学习使用色阶、阴影/高光、曲线调整画面的颜色及亮度等，掌握曲线图的查看及调节技巧。

4.3.1 校正白平衡

操作步骤

（1）新建项目，把素材"eagle.mov"导入到【项目】窗口中。本例的画面大小与"eagle.mov"相同，可以以"eagle.mov"的参数创建新合成，将"eagle.mov"拖到【项目】窗口底部的【新建合成】按钮上，创建一个新的合成。

（2）执行菜单栏中的【图层】→【新建】→【调整图层】命令，新建一个调整图层，选中新建的调整图层，按【Enter】键，将调整图层重命名为"Fixing White Balance"，把它放置在"eagle.mov"图层的上面。

（3）选择【时间轴】窗口中的"Fixing White Balance"图层，执行菜单栏中的【效果】→【颜色校正】→【色阶（单独控件）】命令。

把当前时间设置为 0:00:15:19，在【效果控件】窗口中，切换到"红色"通道，设置【红色输入白色】为"235.0"，这一步的调整是将红色通道中亮度为 235.0 的像素定义为最亮，即使图像中的亮部增加红色；设置【红色灰度系数】为"0.95"，这一步的调整是将红色通道中的中间调降低亮度，即图像中的中间调减少一些红色，如图 4-10 和图 4-11 所示。

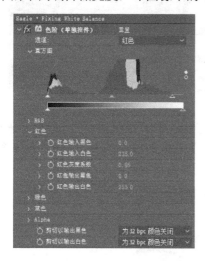

图 4-10   图 4-11

切换到"绿色"通道，设置【绿色输入白色】为"209.0"，这一步的调整是将绿色通道中亮度为 209.0 的像素定义为最亮，即使图像中的亮部增加绿色；设置【绿色灰度系数】为"0.70"，这一步的调整是将绿色通道中的中间调降低亮度，即使图像中的中间调减少一些绿色，如图 4-12 和图 4-13 所示。

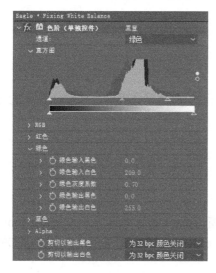

图 4-12   图 4-13

切换到"蓝色"通道，设置【蓝色输入白色】为"183.0"，这一步的调整是将蓝色通道中亮度为 183.0 的像素定义为最亮，即使图像中的亮部增加蓝色；设置【蓝色灰度系数】

为 "0.80"，这一步的调整是将蓝色通道中的中间调降低亮度，即使图像中的中间调减少一些蓝色，如图 4-14 和图 4-15 所示。

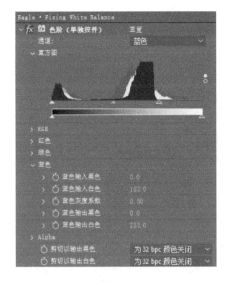

图 4-14 图 4-15

切换到 "RGB" 通道，设置【输入白色】为 "236.0"，这一步的调整是将亮度为 236.0 的像素定义为最亮，即提高画面中亮部的亮度，如图 4-16 和图 4-17 所示。

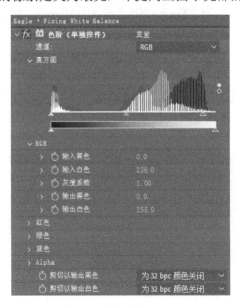

图 4-16 图 4-17

此时，观察到画面还是有一点偏红，切换到 "红色" 通道，设置【红色灰度系数】为 "0.67"，适当减少画面中的红色，如图 4-18 和图 4-19 所示。

使用色阶调整后，天空又恢复到了我们熟悉的本来面貌，令人神清气爽的蓝色了。

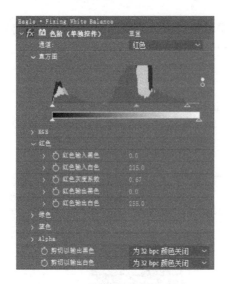

图 4-18   图 4-19

4.3.2   调整曝光

操作步骤

（1）执行菜单栏中的【图层】→【新建】→【调整图层】命令，新建一个调整图层，选中该调整图层，按【Enter】键，将调整图层重命名为"Fixing Shadow Highlight"，把它放置到合成的顶部。

（2）选择【时间轴】窗口中的"Fixing Shadow Highlight"图层，执行菜单栏中的【效果】→【颜色校正】→【阴影/高光】命令。

在【效果控件】窗口中，取消勾选"自动数量"选项，手工调整阴影和高光值，设置【阴影数量】参数的值为"63"，提高阴影的亮度；设置【高光数量】参数的值为"17"，降低高光的亮度，如图 4-20 和图 4-21 所示。

图 4-20   图 4-21

（3）执行菜单栏中的【图层】→【新建】→【调整图层】命令，新建一个调整图层，按【Enter】键，将调整图层重命名为"Fixing Exposure"，把它放置到合成的顶部。

（4）选择【时间轴】窗口中的"Fixing Exposure"图层，执行菜单栏中的【效果】→【颜色校正】→【曲线】命令，如图 4-22 所示。

观察【效果控件】窗口，【曲线】效果没有设置任何参数，只有一个由纵横分别为 4 行线组成的方格子，其中一根斜线自左下角向右上角贯穿方格。

【曲线】的图表没有标注坐标，为了理解方便，可以人为标注。X 轴，即水平轴，方向向右，代表输入的亮度，也就是原始画面的亮度，这个亮度从左到右代表了 0～255 的亮度范围，越往右，代表原始画面中越亮的区域。Y 轴，即垂直轴，方向向上，代表输出的亮度，也就是调整之后画面的亮度，这个亮度从下到上代表了 0～255 的亮度范围，越往上，代表调整之后画面中越亮的区域。

在曲线的任意位置添加一个点，可以看到该点的输入值和输出值是一样的，也就是说这个点的调整前亮度和调整后亮度是一致的，即当前画面没有经过任何调整，如图 4-23 和图 4-24 所示。

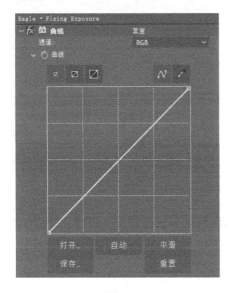

图 4-22 图 4-23

拖动这个点向上移动，发现图像变亮了，这是由于该点的输出值和输入值不相等了，也就是调整后的值大于调整前的值，所以画面就变亮了，如图 4-25 和图 4-26 所示。

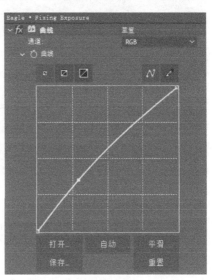

图 4-24 图 4-25

（5）单击【效果控件】窗口中【曲线】属性面板中的【重置】按钮，把曲线恢复到默认状态。使用【曲线】属性面板右上方的画笔工具绘制一条曲线，降低高光部分的亮度，提高一点阴影部分的亮度，如图 4-27 所示。

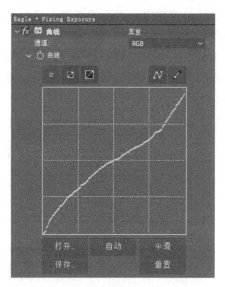

图 4-26   图 4-27

使用【曲线】属性面板右侧的曲线工具把它转换成曲线，如图 4-28 和图 4-29 所示。

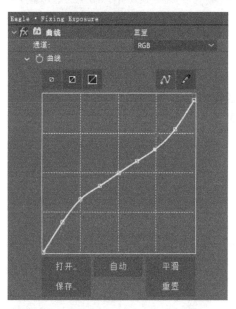

图 4-28   图 4-29

适当降低阴影较暗部分的亮度，使阴影部分有些层次感，如图 4-30 和图 4-31 所示。

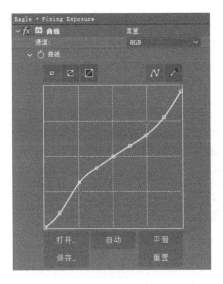

图 4-30　　　　　　　　　　　　图 4-31

4.3.3　调整饱和度

🔵 **操作步骤**

（1）执行菜单栏中的【图层】→【新建】→【调整图层】命令，新建一个调整图层，选中该调整图层，按【Enter】键，将调整图层重命名为"Adjusting Color"，把它放置到合成的顶部。

（2）选择【时间轴】窗口中的"Adjusting Color"图层，执行菜单栏中的【效果】→【颜色校正】→【自然饱和度】命令。设置【自然饱和度】参数的值为"40"，【饱和度】参数的值为"20"，提高画面的饱和度，使画面颜色更加饱满，如图 4-32 所示。

图 4-32

4.3.4　边角压暗

🔵 **操作步骤**

（1）执行菜单栏中的【图层】→【新建】→【调整图层】命令，新建一个调整图层，选中该调整图层，按【Enter】键，将调整图层重命名为"Blur"，把它放置到合成的顶部。

（2）选择【时间轴】窗口中的"Blur"图层，执行菜单栏中的【效果】→【模糊和锐化】→【快速方框模糊】命令。

在【效果控件】窗口中，设置【模糊半径】为"18"，勾选"重复边缘像素"选项。

在【时间轴】窗口中，设置"Blur"图层的图层混合模式为"柔光"，设置图层的【不透明度】为"50%"，为画面增加一些模糊效果，如图 4-33 所示。

（3）执行菜单栏中的【图层】→【新建】→【纯色】命令，新建一个黑色的纯色图层，选中该调整图层，按【Enter】键，将纯色图层重命名为"Vignette"，把它放置到合成的顶部。

选择纯色图层，在工具栏中双击【椭圆工具】，绘制一个椭圆蒙版，如图 4-34 所示。

图 4-33

图 4-34

在【时间轴】窗口中，展开"Vignette"图层下面的"蒙版 1"的参数，勾选"反转"选项，把蒙版选区反向，设置【蒙版羽化】为"280.0,280.0"，为蒙版选区设置羽化效果。

最后在【时间轴】窗口中设置"Vignette"图层的图层混合模式为"相乘"，图层的【不透明度】为"30%"，为画面创建边角压暗的效果，如图 4-35 所示。

图 4-35

4.4　边学边做：二级调色

二级调色

知识与技能

本例主要学习使用保留颜色、自然饱和度对画面进行二级调色，了解二级调色的含义，掌握通过二级调色突出画面主体的方法。

在电影《辛德勒的名单》，冲锋队屠杀犹太人的场景中，穿红衣的小女孩与黑白画面形成了极其强烈的对比，产生极具冲击力的视觉效果。这里我们模仿该艺术表现手法，对画面进行二级调色。二级调色指的是针对画面的某个色调范围来改变它的颜色。本例把画面中的变色龙从绿色的树叶中突显出来，原始画面如图 4-36 所示。

图 4-36

4.4.1 分离前景

操作步骤

（1）新建项目，把素材"chameleon.mov"导入到【项目】窗口中。本例的画面大小与"chameleon.mov"相同，可以以"chameleon.mov"的参数创建新合成，将"chameleon.mov"拖到【项目】窗口底部的【新建合成】按钮上，创建一个新的合成。

（2）执行菜单栏中的【图层】→【新建】→【调整图层】命令，新建一个调整图层，选中该调整图层，按【Enter】键，将调整图层重命名为"Leave Color"，把它放置到合成的顶部。

（3）选择【时间轴】窗口中的"Leave Color"图层，执行菜单栏中的【效果】→【颜色校正】→【保留颜色】命令。

在【效果控件】窗口中，使用【要保留的颜色】右侧的吸管在画面中吸取变色龙身体的颜色，其 RGB 值为"176,108,98"，设置【脱色量】为"100.0%"，可以看到画面中除了变色龙保留原来的颜色，树叶等周围的环境基本都变成了黑白色调，效果如图 4-37 所示。

图 4-37

图 4-37 中部分树叶还保留了一些绿色，需要继续调整，设置【匹配颜色】为"使用色相"，根据色相来决定颜色是否保留，降低【容差】值为"0.0%"，设置【边缘柔和度】为"5.0%"，如图 4-38 和图 4-39 所示。

图 4-38

图 4-39

（4）执行菜单栏中的【图层】→【新建】→【调整图层】命令，新建一个调整图层，选中该调整图层，按【Enter】键，将调整图层重命名为"Vibrance"，把它放置到合成的顶部。

（5）选择【时间轴】窗口中的"Vibrance"图层，执行菜单栏中的【效果】→【颜色校正】→【自然饱和度】命令。设置【自然饱和度】参数的值为"-50"，Saturation【饱和度】参数的值为"-100"，效果如图 4-40 所示。

（6）图 4-40 中整个画面都被调成了黑白色调，这个问题可以通过创建一个蒙版选区来解决。选择"Vibrance"图层，使用工具栏中的【椭圆工具】在调整图层上绘制一个椭圆形蒙版，效果如图 4-41 所示。

图 4-40   图 4-41

在蒙版选区内，添加在调整图层上的效果会影响到下面的图层，这个效果正好与我们希望的效果相反，展开"Vibrance"图层下面的"蒙版 1"参数，勾选"反转"选项，把蒙版选区反向，设置【蒙版羽化】值为"240.0,240.0"，效果如图 4-42 所示。

（7）执行菜单栏中的【图层】→【新建】→【调整图层】命令，新建一个调整图层，选中该调整图层，按【Enter】键，将调整图层重命名为"Vibrance2"，把它放置到合成的顶部。

（8）选择【时间轴】窗口中的"Vibrance2"图层，执行菜单栏中的【效果】→【颜色校正】→【自然饱和度】命令。设置【自然饱和度】参数的值为"100.0"，【饱和度】参数的值为"20.0"，提高一些变色龙的饱和度，效果如图 4-43 所示。

图 4-42   图 4-43

4.4.2　虚化背景

⊙ 操作步骤

（1）执行菜单栏中的【图层】→【新建】→【调整图层】命令，新建一个调整图层，选中该调整图层，按【Enter】键，将调整图层重命名为"Exposure Blur"，把它放置到合成的顶部。

（2）选择【时间轴】窗口中的"Exposure Blur"图层，执行菜单栏中的【效果】→【颜色校正】→【曝光】命令。设置【曝光度】的值为"-1.94"，【灰度系数校正】的值为"0.79"，调暗画面，效果如图 4-44 所示。

（3）选择【时间轴】窗口中的"Exposure Blur 图层"，执行菜单栏中的【效果】→【模糊和锐化】→【摄像机镜头模糊】命令。设置【模糊半径】的值为"20.0",勾选"重复边缘像素"选项,效果如图 4-45 所示。

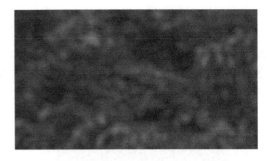

图 4-44   图 4-45

添加了镜头模糊后,整个画面都产生了模糊效果,但是我们只需要对变色龙周围的环境进行模糊,这个问题可以通过把"Vibrance"图层上的"蒙版 1"复制到"Exposure Blur"图层上得到解决,效果如图 4-46 所示。

调整"Exposure Blur"图层上"蒙版 1"的参数,提高蒙版的羽化值,设置【蒙版羽化】的值为"725.0,725.0",扩大蒙版的范围,设置【蒙版扩展】的值为"260.0",最终效果如图 4-47 所示。

图 4-46   图 4-47

4.5 典型应用:创意调色

🡒 知识与技能

本例主要学习使用色相/饱和度、曲线、CC Spotlight 对场景进行创意调色,实现昼夜颠倒的效果。

4.5.1 调暗场景

🡒 操作步骤

(1)新建项目,把素材"truck.mov"导入到【项目】窗口中。本例的画面大小与"truck.mov"相同,可以以"truck.mov"的参数创建新合成,将"truck.mov"拖到【项目】窗口底部的【新建合成】按钮上,创建一个新的合成。

（2）选择【时间轴】窗口中的"truck.mov"图层，执行菜单栏中的【效果】→【颜色校正】→【色相/饱和度】命令，设置【主饱和度】的值为"-30"，降低饱和度，可以稍微减少画面中的蓝色调。

再执行菜单栏中的【效果】→【颜色校正】→【曲线】命令，在【效果控件】窗口中把 RGB 通道的曲线往下拉，降低整体亮度；切换到【红色】通道，把曲线往下拉，减少红色；切换到【蓝色】通道，把曲线往上拉，增加蓝色，提高输出最大值，给天空更多的蓝色，如图 4-48 和图 4-49 所示。

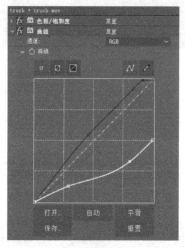

图 4-48

图 4-49

（3）在【时间轴】窗口中选择"truck.mov"图层，按【Ctrl+D】组合键复制一份，选中上面的图层，在【效果控件】窗口中把该图层的【色相/饱和度】和【曲线】效果参数重置，把【曲线】效果移到【色相/饱和度】效果的上面，把【曲线】效果中的 RGB 曲线往下调，调暗画面，如图 4-50 所示。

在【效果控件】窗口中展开【色相/饱和度】下的参数，勾选"彩色化"选项，设置【着色色调】的值为"204.0"，【着色饱和度】的值为"73"，赋予画面蓝色调，并提高饱和度，如图 4-51 和图 4-52 所示。

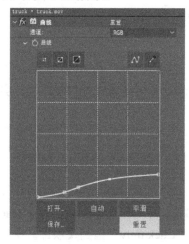

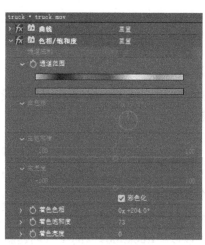

图 4-50

图 4-51

在该图层上用工具栏中的【矩形工具】，在天空部分绘制一个矩形蒙版，设置【蒙版羽化】的值为"335.0,335.0"，这样好像给天空增加了滤镜，使背景和天空都能很好地展现出来，如图 4-53 所示。

图 4-52   图 4-53

4.5.2 创建车灯效果

操作步骤

（1）执行菜单栏中的【图层】→【新建】→【纯色】命令，创建一个纯色图层，将其重命名为"Spot Right"。

（2）在【时间轴】窗口中选择"Spot Right"图层，执行菜单栏中的【效果】→【透视】→【CC Spotlight】命令，创建一个聚光灯，它能产生边缘柔和亮度衰减的聚光灯效果，具有类似真实灯光的照射特性。

在【效果控件】窗口中设置【From】为"640.0,-175.0"，【To】为"640.0,165.0"，【Height】高度为"21.0"，【Cone Angle】锥角为"15.0"，【Edge Softness】边缘柔化为"98.0%"，【Render】渲染模式为"Light Only"（只有光照），如图 4-54 所示。

在【时间轴】窗口中设置"Spot Left"的图层混合模式为"经典颜色减淡"，打开"Spot Right"图层的 3D 图层开关，把它转换为三维图层，把当前时间设置为 0:00:01:17，展开"Spot Right"图层下面的参数，设置【方向】的值为"279.0,359.1,0.1"，使"Spot Right"图层绕 X 轴旋转；设置【位置】的值为"908.3,443.4,-172.6"，把灯光放置到车前的地面上；同时提高灯光强度为"170.0"，用来模拟左车灯投射在地面上的效果。

在【时间轴】窗口中选择"Spot Left"图层，按【Ctrl+D】组合键把它复制一份，重命名为"Spot Right"，设置【方向】的值为"279.0,1.1,0.1"，【位置】的值为"727.3,443.4,-172.6"，用来模拟右车灯投射在地面上的效果，如图 4-55 所示。

（3）现在有个问题，汽车在前进的过程中，投射在地面上的灯光没有跟随运动。为了解决这个问题，需要对"Spot Right"和"Spot Left"两个图层的【位置】【缩放】【方向】制作关键帧，使得灯光能跟随汽车运动。这里需要花较多的时间去调整，让灯光对齐到汽车前面的地面，在需要的时候可以移动甚至缩放它，来达到较好的透视效果。提示：这一步需要大家花较多的时间耐心调整。

（4）下面制作大车灯的光晕效果。

执行菜单栏中的【图层】→【新建】→【纯色】命令，新建一个黑色纯色图层。

在【时间轴】窗口选择新建的黑色纯色图层，执行菜单栏中的【效果】→【生成】→

【镜头光晕】命令。在【效果控件】窗口中设置【镜头类型】为"105 毫米定焦"，【光晕中心】为"640.0,360.0"，把光晕放在画面的中间位置。

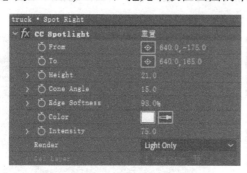

图 4-54　　　　　　　　　　　　　　　　　　图 4-55

再执行菜单栏中的【效果】→【颜色校正】→【曲线】命令，增加一点暗部，使光晕周围不再那么亮了，如图 4-56 所示。

再执行菜单栏中的【效果】→【颜色校正】→【色相/饱和度】命令，在【效果控件】窗口展开【色相/饱和度】下的参数，勾选"彩色化"选项，设置【着色色相】为"35.0"，【着色饱和度】为"15"，使光晕有轻微的黄色，如图 4-57 和图 4-58 所示。

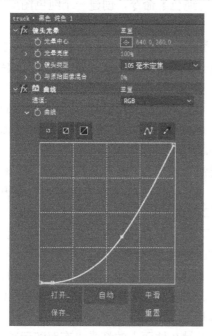

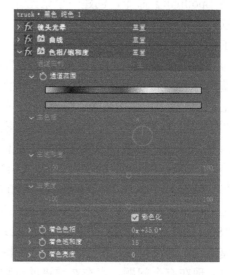

图 4-56　　　　　　　　　　　　　　　　　　图 4-57

在【时间轴】窗口设置黑色纯色图层的混合模式为"相加"，过滤掉黑色背景部分。把光晕放到汽车的大车灯的位置，然后展开黑色纯色图层下面的【缩放】参数，进行适当的缩放，

把该纯色图层复制一份，放到另一侧大车灯的位置，效果如图 4-59 所示。

然后在【时间轴】窗口中展开这两个光晕图层的【位置】和【缩放】参数，设置关键帧，使光晕跟随汽车运动。当汽车转向一定程度时，汽车的右前灯在会被遮挡，这时可以利用图层的【不透明度】使它淡出。这一步也需要大家花较多的时间耐心调整。

图 4-58

图 4-59

4.6 典型应用：Magic Bullet Looks

本节主要学习使用 Magic Bullet Looks 这款插件调整画面亮度、校正偏色及进行创意调色等。

Magic Bullet Looks 是 Red Giant 公司出品的 Magic Bullet Suite 插件包中的一款调色工具，可以在 Red Giant 官网根据使用的 After Effects 版本下载安装相应的版本。安装完成后，在 After Effects 中打开的界面如图 4-60 所示。

图 4-60

其中界面左上方【SCOPES】为各种示波器，中上为预览窗口，右上方【CONTROLS】为各种调色工具的参数设置，左下方【LOOKS】为隐藏的各种预设效果，中下为添加使用的各种调色工具，右下方【TOOLS】为提供的各种调色工具。

相对于 After Effects 内置的调色工具，Magic Bullet Looks 最大的一个优点在于示波器，示波器可以分析整个画面，调色师必须会阅读示波器，能够从示波器中分析出重要的信息，用来辅助自己的调色工作。Magic Bullet Looks 提供了几种示波器，下面简单介绍。

- RGB Parade：分量示波器，把 RGB 三个通道各自的亮度波形从左向右依次排列显示，可以分析图像的亮度，也可以分析图像的色相。垂直方向的刻度值表示亮度值，0 是最暗的地方，1 是正常范围内最亮的地方，亮度超过 1 时，画面会变得过曝。
- Slice Graph：以曲线的形式显示 RGB 三个通道的分布情况。
- Hue/Saturation：色相/饱和度示波器，可以查看画面中像素点的色相和饱和度的分布情况，离中心越远的地方，饱和度越高。
- Hue/Lightness：色相/亮度示波器，可以查看画面中像素点的色相和亮度的分布情况。
- Memory Colors：记忆色，可以查看肤色等。

下面结合实例来学习 Magic Bullet Looks 是如何进行调色操作的。

4.6.1 调整亮度

知识与技能

本例主要学习使用 Magic Bullet Looks 调整亮度的方法，掌握示波器的查看方法，以及 Magic Bullet Looks 中工具的使用。

下面这个素材是两个女孩走动的慢镜头，光线还不错，但是颜色在整体上还不够理想，比如暗部看起来有些灰白，亮部看起来也不太正确，如图 4-61 所示。

图 4-61

操作步骤

（1）新建项目，导入素材"SlowWalk.mov"到【项目】窗口中，把它拖到【项目】窗口底部的【新建合成】按钮上，创建一个画面尺寸与它相同的合成。

（2）选择【时间轴】窗口中的"SlowWalk.mov"图层，执行菜单栏中的【效果】→【RG Magic Bullet】→【Looks】命令。

（3）在【效果控件】窗口中，单击【Look】下面的【Edit】编辑按钮，打开 Magic Bullet Looks 工作界面，如图 4-62 所示。

（4）在左侧的【SCOPES】窗口中，展开【RGB Parade】，这里的示波器展示了图像中红色、绿色、蓝色的分布情况，如图 4-63 所示。

图 4-62

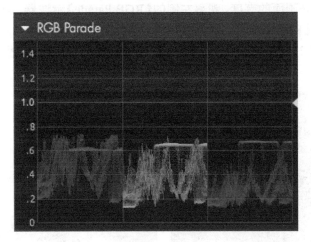

图 4-63

这个图展示的是图像中的亮度值是如何分布的，其中红色、绿色、蓝色分别 RGB 的红、绿、蓝三个通道的亮度分布。0 表示图像中黑色或阴影的部分，1 表示图像中白色或高光的部分。如果图像的色调看起来是比较正常的，则图像中的暗部应该接近 0，亮部应该接近 1。而这个素材中明显缺失暗部和亮部，这也是我们需要调节的地方。

（5）打开隐藏的【TOOLS】面板，在【Subject】页找到【Colorista】，把它拖到下方的【Subject】中，这时在右侧的【CONTROLS】中可以调节【Colorista】的参数。上面有三个色轮，从左到右分别为【Shadows】阴影、【Midtones】中间调、【Highlights】高光。【Shadows】调节的是画面中的阴影和暗部，把色轮右侧的滑块向下移动，会使得画面暗部的色调变得更暗。这正是我们希望的效果，画面的暗部就应该是暗的，而不是之前的灰色。

观察左侧的【RGB Parade】示波器，同时调节【Shadows】阴影色轮右侧的亮度滑杆，使得【RGB Parade】示波器中的红、绿、蓝三个波形图底部接近 0，这时【Shadows】阴影的 RGB 值为 "0.8757,0.8757,0.8757"。【RGB Parade】示波器如图 4-64 所示，效果如图 4-65 所示。

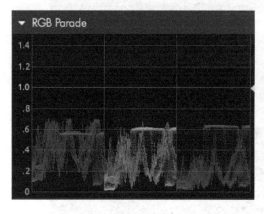

图 4-64   图 4-65

　　但是现在又有个问题，画面整体变暗了，如何调节使它变亮呢？这时就需要调节【Highlights】高光色轮，它代表的是画面的亮部。把【Highlights】高光色轮右侧的亮度滑块向上移动可以提升画面的亮度，观察左侧的【RGB Parade】示波器，同时调节【Highlights】高光的亮度，使得【RGB Parade】示波器中的 RGB 波形的顶部接近 1.0，这时【Highlights】高光的 RGB 值为 "1.3959,1.3959, 1.3959"。【RGB Parade】示波器如图 4-66 所示，效果如图 4-67 所示。

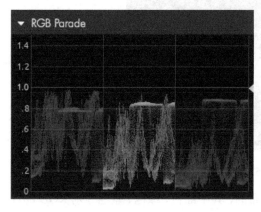

图 4-66   图 4-67

　　最后是中间色调的调节，需要调节【Midtones】中间调色轮，它代表的是画面的中间色调。把【Midtones】中间调色轮右侧的亮度滑块向下移动，发现画面稍微有些变暗，画面中的颜色也更加丰富了。这只是轻微的调节，但是效果却很明显，这时【Midtones】中间调的 RGB 值为 "0.9857,0.9856,0.9856"，这样便有了一个在 0 和 1.0 之间的亮度分布图，如图 4-68 所示。

图 4-68

完成调色工作后确定，返回 After Effects 工作界面，查看调色后的效果。

4.6.2 调整阴影

知识与技能

本例主要学习使用 Magic Bullet Looks 调整阴影的方法，掌握示波器的查看方法，以及 Magic Bullet Looks 中工具的使用。

先来分析如图 4-69 所示这个素材，手臂周围的木头及树干是阴影部分，手指处是高光部分，绿色的树叶及皮肤是中间色调，画面整体色调还不错，但是对比度有些强。

图 4-69

操作步骤

（1）新建项目，导入素材"FingerWalk.mov"到【项目】窗口中，把它拖到【项目】窗口底部的【新建合成】按钮上，创建一个画面尺寸与它相同的合成。

（2）选择【时间轴】窗口中的"FingerWalk.mov"图层，执行菜单栏中的【效果】→【RG Magic Bullet】→【Looks】命令。

（3）在【效果控件】窗口中，单击【Look】下面的【Edit】编辑按钮，打开 Magic Bullet Looks 工作界面。

（4）展开左上方的【SCOPES】下面的【RGB Parade】，如图 4-70 所示。

从【RGB Parade】示波器中可以看到红、绿、蓝很好地分布在 0 到 1.0 之间，但是这个图像的明暗是不正确的，我们需要使阴影部分更加亮。

打开隐藏的【TOOLS】面板，在【Subject】页找到【Colorista】，把它拖到下方的【Subject】中。如果调节【Shadows】阴影值，就会使图像整体变亮，这个效果不是我们所希望的。

这里要做的是，将图像中的阴影部分分离出来，然后单独对它进行调色。展开【Colorista】下面的【Curves】曲线，曲线的横坐标是输入值，纵坐标是输出值，左下角是最暗的位置，右上角是最亮的位置。这里要把画面中阴影部分稍微调亮，尽量不影响其他中间调和高光区，使亮度的分布还是在 0 到 1.0 之间。可以在曲线上添加几个节点，【Curves】曲线如图 4-71 所示，【RGB Parade】示波器如图 4-72 所示，效果如图 4-73 所示。

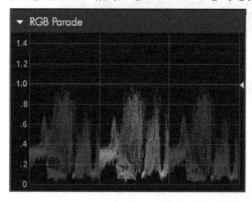

图 4-70

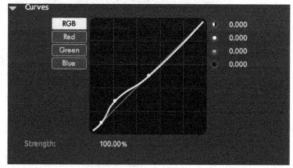

图 4-71

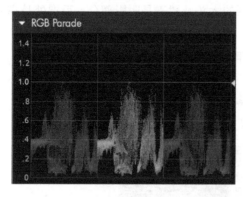

图 4-72

图 4-73

由于原始图像对比度很强，需要稍微降低图像的对比度，就可以看到图像中更多的细节了。

4.6.3 调整高光

知识与技能

本例主要学习使用 Magic Bullet Looks 调整高光的方法，掌握示波器的查看方法，以及

Magic Bullet Looks 中工具的使用。

本例中素材的主体是一个在板上的面包，但是画面偏暗，如图 4-74 所示。

图 4-74

⮕ **操作步骤**

（1）新建项目，导入素材"Plate.mov"到【项目】窗口中，把它拖到【项目】窗口底部的【新建合成】按钮上，创建一个画面尺寸与它相同的合成。

（2）选择【时间轴】窗口中的"FingerWalk.mov"图层，执行菜单栏中的【效果】→【RG Magic Bullet】→【Looks】命令。

（3）在【效果控件】窗口中，单击【Look】下面的【Edit】编辑按钮，打开 Magic Bullet Looks 的工作界面。

（4）展开左上方的【SCOPES】下面的【RGB Parade】，如图 4-75 所示。

【RGB Parade】示波器在高光部分有一个很尖的突出，几乎接近 1.0，这部分对应的是图像的右下角，曝光过度了，几乎全白。

打开隐藏的【TOOLS】面板，在【Subject】页找到【Colorista】，把它拖到下方的【Subject】中，如果调节【Highlights】高光值，红、绿、蓝波形图会很快超出 1.0，因此不能对它进行整体调节；也不能调节【Shadows】阴影值，因为它已经接近 0 了；那么调节【Midtones】中间调值呢。可惜，增加它会使画面变得很灰，降低它会使画面变暗。

这里正确的做法是把高光部分分离出来，展开【Colorista】下面的【Curves】，在曲线右上方的高光部分添加一个节点，这里的调节只影响图像的高光部分，降低节点的输出值，缩短分布图的突起部分，现在图像高光部分的亮度变暗了一些，和它周围的亮度基本保持一致。【Curves】曲线如图 4-76 所示，【RGB Parade】如图 4-77 所示，效果如图 4-78 所示。

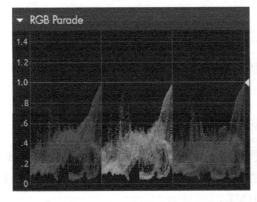

图 4-75   图 4-76

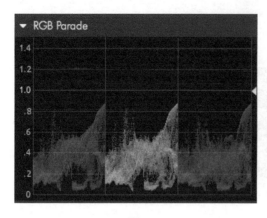

图 4-77   图 4-78

现在把【Highlights】高光色轮右侧的亮度滑块向上移动，增加高光的亮度，RGB 值为 "1.2076,1.2076, 1.2076"，使红、绿、蓝波形图顶部接近 1.0。把【Shadows】阴影色轮右侧的滑块向下移动，稍微降低阴影的亮度，RGB 值为 "0.9771,0.9771,0.9771"，这样就得到了一个对比度很好的调色效果，而且右下方的颜色也没有过白了，显得比较自然。这里的 RGB 值要根据实际情况进行调整，此数值仅供参考。【RGB Parade】如图 4-79 所示，效果如图 4-80 所示。

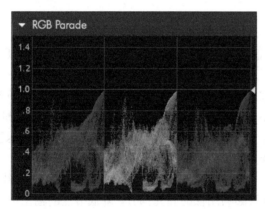

图 4-79   图 4-80

4.6.4 校正颜色

知识与技能

本例主要学习使用 Magic Bullet Looks 校正颜色的方法，掌握示波器的查看方法，以及 Magic Bullet Looks 中工具的使用。

本例是一幅美洲豹的素材，画面略显灰暗，需要进行基础校色，如图 4-81 所示。

操作步骤

（1）新建项目，把素材"Leopard.R3D"导入到【项目】窗口中。本例的画面大小与"Leopard. R3D"相同，可以以 "Leopard. R3D" 的参数创建新合成，将 "Leopard. R3D" 拖到【项目】窗口底部的【新建合成】按钮上，创建一个新的合成。

（2）选择【时间轴】窗口中的 "Leopard. R3D" 图层，执行菜单栏中的【效果】→【RG

Magic Bullet】→【Looks】命令。

图 4-81

（3）在【效果控件】窗口中，单击【Look】下面的【Edit】编辑按钮，打开 Magic Bullet Looks 工作界面。

（4）展开左上方的【SCOPES】下面的【RGB Parade】，可以看到有红、绿、蓝三个波形图，如图 4-82 所示。

从该图中可以看到红、绿、蓝波形大致在 0.1～0.7 这个范围内，也就是说画面中缺少阴影和高光，对比度不够，整个画面处于比较灰暗的状态。红、绿、蓝波形图为我们提供了一种直观的方式来观察对画面进行调整后的效果，下面我们可以不看控制参数，不看画面，只看红、绿、蓝波形图进行调整。

（5）打开隐藏的【TOOLS】面板，在【Subject】页找到【Colorista】，把它拖到下方的【Subject】中，如图 4-83 所示。

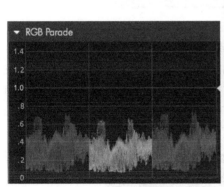

图 4-82   图 4-83

对画面进行调整，一般是先调阴影，再调高光，最后调中间部分。在右侧的【CONTROLS】面板中调整【Colorista】的参数，把【Shadows】阴影色轮右侧的亮度滑杆向下移动，在【RGB Parade】窗口中观察，使红、绿、蓝波形图的底部接近 0，这样画面中就有了阴影部分，这时【Shadows】阴影的 RGB 值为"0.9546,0.9546,0.9546"，如图 4-84 所示。

把【Highlights】高光色轮右侧的亮度滑杆向上移动，在【RGB Parade】窗口中观察，使红、绿、蓝波形图的顶部接近 1.0，这样画面中就有了高光部分，这时【Highlights】高光的 RGB 值为"1.4112, 1.4112,1.4112"，如图 4-85 所示。

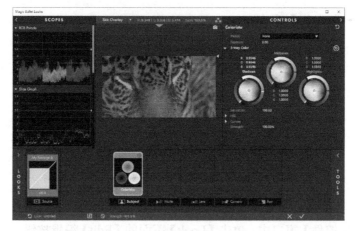

图 4-84

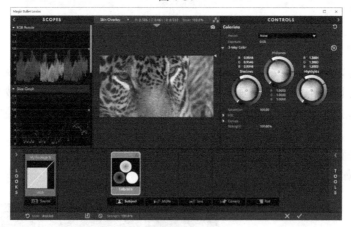

图 4-85

　　把【Midtones】中间调色轮右侧的亮度滑杆向上移动，在【RGB Parade】窗口中观察，增加一些中间调亮度，这时【Midtones】中间调的 RGB 值为 "1.1488,1.1488,1.1488"。由于提高中间调亮度的同时，不可避免地会影响到阴影部分，阴影部分亮度也会有所提高，因此需要再把【Shadows】阴影色轮右侧的亮度滑杆向下移动，适当把阴影压暗一点，这时【Shadows】阴影的 RGB 值为 "1.9490,1.9490,1.9490"，如图 4-86 所示。

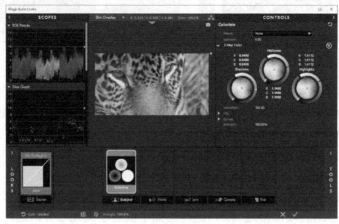

图 4-86

（6）画面对比度调整完成后，下面就可以进行创意调色了。

先给背景草丛添加一些绿色，在【Shadows】阴影色轮中，把圆点推向绿色，这时【Shadows】阴影的 RGB 值为 "0.8240,0.9490,0.8255"，如图 4-87 所示。

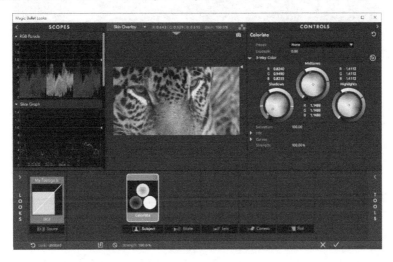

图 4-87

这时美洲豹也有了一些绿色，这可不是我们所希望的。在【Midtones】中间调色轮中，把圆点推向黄色，做暖色处理，这时【Midtones】中间调的 RGB 值为 "1.3317,1.1450,0.9697"，如图 4-88 所示。

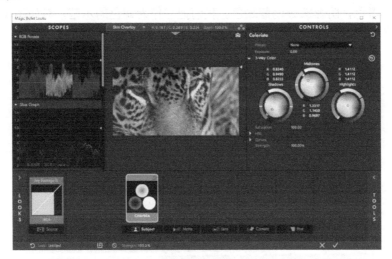

图 4-88

现在整个场景都呈暖色调了，包括后面背景中的草丛，调色就是不断地推拉操作，继续调整直到满意为止，使草丛带一点绿色，美洲豹带一点橙色，这时【Shadows】阴影的 RGB 值为 "0.8460, 0.9406,0.8496"，【Midtones】中间调的 RGB 值为 "1.3885,1.2346,0.8233"，【Highlights】高光的 RGB 值为 "1.4112,1.4112,1.4112"，如图 4-89 所示。

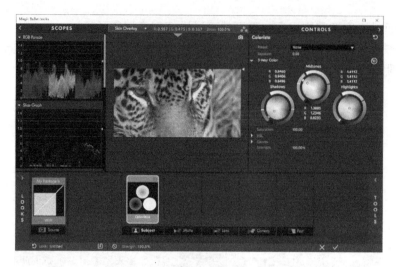

图 4-89

4.6.5　创意调色

知识与技能

　　本例主要学习使用 Magic Bullet Looks 创意调色的方法，掌握示波器的查看方法，以及 Magic Bullet Looks 中工具的使用。

　　如图 4-90 所示的画面来自电影《变形金刚》，画面整体色彩鲜艳，饱和度非常高，其中高光部分偏橙色，阴影部分偏蓝绿色。我们把它作为调色的示范，对如图 4-91 所示素材进行风格调色。

图 4-90

图 4-91

操作步骤

（1）把素材"Girl.mpg"导入到【项目】窗口中。本例的画面大小与"Girl.mpg"相同，可以以"Girl.mpg"的参数建立新合成，将"Girl.mpg"拖到【项目】窗口底部的【新建合成】按钮上，创建一个新的合成。

（2）执行菜单栏中的【图层】→【新建】→【调整图层】命令，新建一个调整图层，选中该调整图层，按【Enter】键，将调整图层重命名为"Color Correction"，把它放置到合成的顶部。

（3）选择【时间轴】窗口中的"Color Correction"图层，执行菜单栏中的【效果】→【RG Magic Bullet】→【Looks】命令。

（4）在【效果控件】窗口中，单击【Look】下面的【Edit】编辑按钮，打开 Magic Bullet Looks 工作界面。

（5）展开左上方的【SCOPES】下面的【RGB Parade】，可以看到有红、绿、蓝三个波形图，如图 4-92 所示。

图 4-92

（6）调整亮度。从右侧的【RGB Parade】窗口中可以看到画面中缺少阴影部分，整个画面看起来有点灰，对比不够强烈，要先对画面的亮度和对比度进行调整。

打开隐藏的【TOOLS】面板，在【Subject】页找到【Colorista】，把它拖到下方的【Subject】中。观察红、绿、蓝波形图。把【Shadows】阴影色轮右侧的亮度滑杆向下移动，使红、绿、蓝波形的底部接近 0，这样画面缺少的暗部出现了，这时【Shadows】阴影的 RGB 值为"0.9078,0.9078,0.9078"，如图 4-93 所示。

（7）调整颜色。先调整阴影部分的颜色，在【Shadows】阴影色轮中，把圆点推向蓝绿色，RGB 值为"0.6227,0.7650,0.9078"。再调整高光部分的颜色，在【Highlights】高光色轮中，把圆点推向橙色，RGB 值为"1.2320,1.0231,0.7449"。最后调整中间调部分的颜色，在【Midtones】中间调色轮中，把圆点稍微推向蓝色，RGB 值为"0.9445,0.9888,1.0667"，如图 4-94 所示。

（8）对阴影和高光的亮度做一些调整，把【Shadows】阴影色轮右侧的亮度滑杆向上移动，稍微把阴影部分调亮一些，RGB 值为"0.6605,0.8115,0.9630"，把【Highlights】高光色轮右侧的亮度滑杆向上移动，把高光的亮度提高一点，RGB 值为"1.3496,1.1207,0.8160"，如图 4-95 所示。

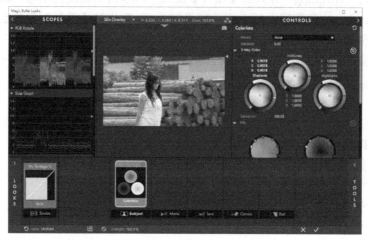

图 4-93

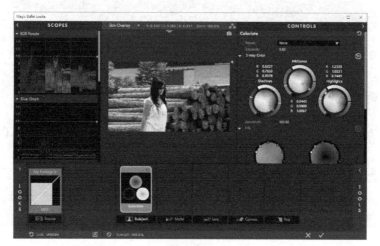

图 4-94

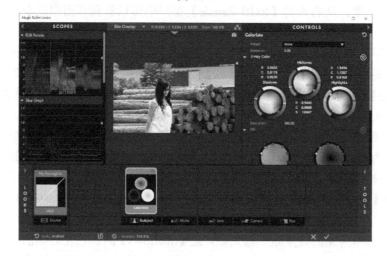

图 4-95

（9）调整饱和度。把【TOOLS】面板【Subject】页中的【Hue/Saturation】色相/饱和度拖到下面的【Subject】中。在【CONTROLS】面板中设置【Saturation】饱和度为"120"，提高画面的整体饱和度，使颜色更加鲜艳，如图 4-96 所示。

图 4-96

（10）这幅图片的主体是女孩，但是画面中绿色的树非常醒目，容易使观众偏离视觉中心，需要适当降低绿色的饱和度。

关闭【Magic Bullet Looks】窗口，在【时间轴】窗口中隐藏 "Color Correction" 图层。

执行菜单栏中的【图层】→【新建】→【调整图层】命令，创建一个调整图层，按【Enter】键重命名为"Basic Color Correction"，把"Basic Color Correction"图层移到"Color Correction"的下面，执行菜单栏中的【效果】→【颜色校正】→【色相/饱和度】命令。

在【效果控件】窗口中，将通道控制切换为"绿色"通道，在【通道范围】中拖动滑块，选择绿色的树的颜色范围，设置【绿色饱和度】为"-85"，降低树的饱和度，如图 4-97和图 4-98 所示。

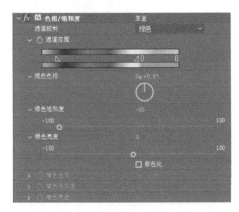

图 4-97

图 4-98

在【时间轴】窗口中显示 "Color Correction" 图层，背景中绿色的树没有那么醒目了，如图 4-99 所示。

图 4-99

（11）边角压暗。打开"Color Correction"图层上的【Magic Bullet Looks】工作界面，把【TOOLS】面板【Lens】页中的【Lens Vignette】拖到下面的【Lens】中，把【Lens Vignette】的中心拖到女孩身上，最终效果如图 4-100 所示。

图 4-100

第5章

抠　像

本章学习目标

◆ 掌握蒙版抠像、遮罩抠像、键控抠像和 Rotoscoping 抠像的原理及应用场合。

◆ 掌握蒙版抠像的方法。

◆ 掌握遮罩抠像的方法。

◆ 掌握键控抠像的方法。

◆ 掌握 Rotoscoping 抠像的方法。

后期合成时，经常需要将不同场景中的对象合成到一个场景中去，就需要对素材进行抠像处理。抠像是后期合成中经常碰到的工作，是一个技巧性很强的工作，但对于抠像来说，最重要的不是工具，也不是抠像技巧，而是素材。良好的布光、高精度的素材，都是保证抠像效果的前提，对于一段清晰度不高的素材，任何人都会束手无策。

在 After Effects 中主要有 4 种抠像方法，即绘制蒙版进行蒙版抠像，根据亮度或透明度进行遮罩抠像，选取画面中的特定颜色进行键控抠像，勾画物体边缘进行 Rotoscoping 抠像。下面的实例中主要使用了这 4 种方法进行抠像。

5.1　典型应用：超人起飞

➜ 知识与技能

本例主要学习使用矩形工具、钢笔工具绘制蒙版进行蒙版抠像。

5.1.1　制作背景

➜ 操作步骤

（1）新建项目，导入素材"Superman.mov""RoofHole.jpg"到【项目】窗口。本例的画面大小与"Superman.mov"相同，可以以"Superman.mov"的参数创建新合成。将"Superman.mov"拖到【项目】窗口底部的【新建合成】按钮上，创建一个新的合成。

（2）在【预览】窗口中播放导入的视频，找到人跳起的瞬间时间点为 1:14:37:03，在那之后要把人从背景中擦除。

在【时间轴】窗口中选择"Superman.mov"图层，按【Ctrl+D】组合键把它复制一份，把两个图层分别重命名为"Background"和"Clean Background"，把"Clean Background"图层的入点设置为 1:14:37:04，剪辑掉前面部分，如图 5-1 所示。

👁	🔊	●	🔒	🏷	#	图层名称	模式		T	TrkMat		入
👁					> 1	Clean Background	正常	⌄				1:14:37:04
👁					> 2	Background	正常	⌄		无	⌄	1:14:33:03

图 5-1

（3）把"Clean Background"图层替换为人还没有跳起的画面。把当前时间设置为1:14:39:07，执行菜单栏中的【图层】→【时间】→【冻结帧】命令，将整个图层冻结为该时间点的画面。但是这样操作后有一个问题，右边的人也不再动了，需要把他从画面中移除。

（4）在【时间轴】窗口中选择"Clean Background"图层，执行菜单栏中的【图层】→【预合成】命令，在弹出的对话框中选中"将所有属性移到新合成"选项，【新合成名称】为"Clean Background Comp"。

选中"Clean Background Comp"图层，使用工具栏中的【矩形工具】在画面左边绘制一个矩形，使"Clean Background Comp"图层的右半边透明，显示出它下面的图层来，如图 5-2 所示。

图 5-2

5.1.2 超人跳起效果

➡ 操作步骤

（1）在【时间轴】窗口中选择"Background"图层，按【Ctrl+D】组合键复制一份，并重命名为"Man Flying"，把它放置到合成的顶部，设置它的入点为 1:14:37:03，剪辑掉前面部分，把当前时间设置为 1:14:37:03，执行菜单栏中的【图层】→【时间】→【冻结帧】命令，将整个图层冻结为该时间点的画面。

使用工具栏中的【钢笔工具】制作蒙版，把人勾画出来，如图 5-3 所示。

（2）制作人飞起来的动画是通过对"Man Flying"图层的【位置】属性设置关键帧来实现的。在【时间轴】窗口中展开"Man Flying"图层下面的参数，把当前时间设置为1:14:37:03，单击【位置】参数左侧的码表，会创建一个关键帧。把当前时间设置为1:14:37:09，把"Man Flying"图层向上移动，使整个人移出画面，设置【位置】值为"960.0,-638.0"，会自动创建一个关键帧。

在【时间轴】窗口中选择 1:14:37:03 处的关键帧，执行右键快捷菜单中的【关键帧辅助】→【缓动】命令，使人向上飞起来有一个逐渐加速的效果。

图 5-3

（3）为了使人飞起来后有一种模糊的效果，在【时间轴】窗口为"Man Flying"图层设置 Motion Blur "运动模糊"，要打开 Enable Motion Blur "允许运动模糊"总开关，如图 5-4 所示。

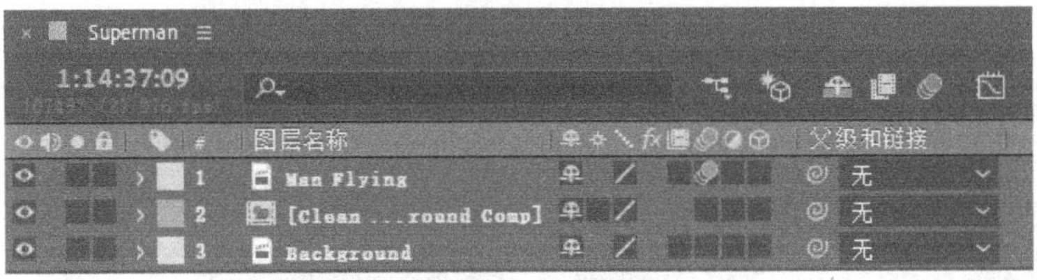

图 5-4

（4）人跳起后与他的阴影不同步，这样看起来不够真实，下面需要解决这个问题。

在【时间轴】窗口中选择"Background"图层，按【Ctrl+D】组合键复制一份，并重命名为"Man Shadow"，把它放置到"Man Flying"图层的下面。

（5）选择"Man Shadow"图层，执行菜单栏中的【图层】→【时间】→【启用时间重映射】命令，会自动在图层的开始和结束处为【时间重映射】属性创建两个关键帧，把当前时间移到 1:14:37:03，创建一个关键帧，再移到 1:14:38:03，创建一个关键帧，把该关键帧移到 1:14:37:09 处，这样阴影时间就与人跳起时间同步了，删除自动添加的开始和结束这两个关键帧。

再把阴影部分用工具栏中的【钢笔工具】勾画出来，如图 5-5 所示。

图 5-5

最后设置"Man Shadow"图层的入点为 1:14:37:03，把人跳起前的画面剪辑掉。

5.1.3　超人落下效果

操作步骤

（1）在【时间轴】窗口中选择"Man Flying"图层，按【Ctrl+D】组合键复制一份，并重命名为"Man Falling"，删除图层【位置】参数的所有关键帧，把人整体缩小，设置【缩放】值为"32%"。

设置人落下的动画。在【时间轴】窗口中展开"Man Falling"图层下面的参数，把当前时间设置为 1:14:43:14，单击"Man Falling"图层的【位置】参数左侧的码表，创建一个关键帧，参数值为"974.0,-500.0"。把当前时间设置为 1:14:44:02，设置【位置】参数值为"974.0,512.0"，自动创建一个关键帧。

（2）把当前时间设置为 1:14:44:02，使用工具栏中的【人偶位置控点工具】创建 12 个操控点，调整人落下时的姿态，使手下垂，如图 5-6 所示。

（3）执行菜单栏中的【图层】→【新建】→【纯色】命令，新建一个名为"Man Falling Matte"的纯色图层，在【时间轴】窗口中把它放置到"Man Falling"图层的上面，使用工具栏中的【矩形工具】绘制一个矩形，如图 5-7 所示。

图 5-6　　　　　　　　　　　　　　　　图 5-7

在【时间轴】窗口中设置"Man Falling"图层的"TrkMat"为"Alpha 反转遮罩'Man Falling Matte'"，这样人落到屋顶后就会消失。

（4）下面制作人从空中落下来，在屋顶撞开的洞。

把"RoofHole.jpg"从【项目】窗口拖到合成中，放置到"Man Falling"图层的下面，使用工具栏中的【钢笔工具】在图层上绘制蒙版，勾画出洞，如图 5-8 所示。

把当前时间设置为 1:14:43:23，正好是人落到屋顶的时候，把"RoofHole.jpg"图层进行适当的缩小，【缩放】值为"15.0,15.0%"，并放置到人落到屋顶的位置，如图 5-9 所示。

（5）在【时间轴】窗口中选择"RoofHole.jpg"图层，执行菜单栏中的【效果】→【颜色校正】→【色相/饱和度】命令，把【主饱和度】设置为"-100"，去掉彩色，【主亮度】设置为"9"，提高一点亮度。

再执行菜单栏中的【效果】→【颜色校正】→【亮度和对比度】命令，设置【亮度】值为"33"，【对比度】值为"30"，把洞的边缘提高亮度。

在【时间轴】窗口中设置"RoofHole.jpg"图层的混合模式为"变暗"，这样把洞的白色边缘过滤掉，使洞更好地与屋顶融合起来。

图 5-8 　　　　　　　　　　　　　图 5-9

　　屋顶的洞应该在人落到屋顶的瞬间开始出现，把当前时间设置为 1:14:43:22，展开
"RoofHole.jpg"图层下面的参数，单击【不透明度】左侧的码表，设置【不透明度】参数
值为"0%"，创建一个关键帧；把当前时间设置为 1:14:43:23，设置【不透明度】参数值为
"100%"，自动创建一个关键帧。

5.1.4　后期处理

　　（1）调整画面颜色。执行菜单栏中的【图层】→【新建】→【调整图层】命令，创建
一个调整图层，把它放到合成的最上面。调整图层是一种比较特殊的图层，必须在它上面
添加特效后才能产生作用，其作用是影响它下面的所有图层。选中该调整图层，执行菜单
栏中的【效果】→【颜色校正】→【曲线】命令，略微提高红色通道和绿色通道，使整体
环境呈红黄色，如图 5-10 所示。

　　（2）压暗边角。执行菜单栏中的【图层】→【新建】→【纯色】命令，新建一个黑色
纯色图层，在【时间轴】窗口中选择纯色图层，使用工具栏中的【椭圆工具】绘制一个椭
圆形蒙版，勾选蒙版右侧的"反转"选项，设置【蒙版羽化】值为"250.0,250.0"，【蒙版
不透明度】值为"60%"，最终效果如图 5-11 所示。

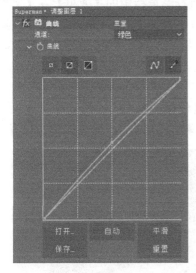 

图 5-10 　　　　　　　　　　　　　图 5-11

5.2 典型应用：肌肤美容

知识与技能

本例主要学习使用遮罩进行遮罩抠像。

肌肤美容

5.2.1 创建亮度遮罩

操作步骤

（1）新建项目，导入素材"bride.mov"到【项目】窗口中，在【项目】窗口中双击
"bride.mov"。在【素材】窗口观察导入的素材，边缘有明显的锯齿状。在【项目】窗口中
选择"bride.mov"，执行右键快捷菜单【解释素材】→【主要】命令，在弹出的对话框中，
设置【分离场】为"低场优先"选项，即下场优先，可以看到锯齿消失了，如图 5-12 所示。

图 5-12

（2）把素材"bride.mov"拖到【项目】窗口底部的【新建合成】按钮上，新建一个与
它画面大小相同的合成。

（3）在【时间轴】窗口中选择"bride.mov"图层，按【Ctrl+D】组合键复制一份，把
上面的图层重命名为"matte"。

（4）在【时间轴】窗口中选择"matte"图层，执行菜单栏中的【效果】→【风格化】
→【CC Threshold RGB】命令，在【效果控件】窗口中设置【Red Threshold】红色阈值参
数值为"90.0"，【Green Threshold】绿色阈值参数值为"255.0"，【Blue Threshold】蓝色阈
值参数值为"255.0"，把属于脸部的部分调整为红色，需要剔除的部分调整为黑色，效果
如图 5-13 所示。

再执行菜单栏中的【效果】→【颜色校正】→【色相/饱和度】命令，在【效果控件】
窗口中把【主饱和度】参数值降为"-100"，把素材调为灰度画面，效果如图 5-14 所示。

图 5-13

图 5-14

再执行菜单栏中的【效果】→【颜色校正】→【色阶】命令，在【效果控件】窗口中把【输入白色】参数值调为"47"，这样画面中亮度高于 47 的部分都会变为纯白，效果如图 5-15 所示。

（5）执行菜单栏中的【图层】→【新建】→【调整图层】命令，新建一个调整图层，对调整图层添加的效果会作用于它下面所有的图层。

在【时间轴】窗口中把调整图层移到"matte"图层的下面，设置调整图层的"TrkMat"为"亮度遮罩'matte'"，这样在调整图层上添加的效果只有在白色区域内才会对下面的图层起作用，如图 5-16 所示。

图 5-15   图 5-16

TrkMat 轨道遮罩是根据一个图层的亮度或透明度得到选区的。制作轨道遮罩最少需要两个图层，上层为遮罩选区，下层为需要显示的内容。上层遮罩一般最终设置为隐藏，它只为下层提供一个显示的选区，最终不会被输出。

当为一个图层设置轨道遮罩时，有 4 种选项如下。

① Alpha 遮罩：根据上层的透明度来显示下层的内容，即上层透明的地方，下层对应位置透明；上层半透明的地方，下层对应位置半透明；上层不透明的地方，下层对应位置不透明。这里上层 Alpha 通道中黑色代表透明区域，灰色代表半透明区域，白色代表不透明区域。

② Alpha 反转遮罩：与 Alpha 遮罩的功能相反，即上层透明的地方，下层对应位置不透明；上层不透明的地方，下层对应位置透明。也就是说上层 Alpha 通道中为黑色的地方，下层对应位置不透明；上层 Alpha 通道中为白色的地方，下层对应位置透明。

③ 亮度遮罩：根据上层的亮度来显示下层的内容，即上层纯白的地方，下层对应位置不透明；上层纯黑的地方，下层对应位置透明；上层灰色的地方，下层对应位置半透明。

④ 亮度反转遮罩：与亮度遮罩的功能相反，即上层纯白的地方，下层对应位置透明；上层纯黑的地方，下层对应位置不透明。

5.2.2　光滑皮肤

操作步骤

（1）在【时间轴】窗口中选择调整图层，执行菜单栏中的【效果】→【杂色和颗粒】→【移除颗粒】命令。

在【效果控件】窗口中，把【查看模式】改为"最终输出"；设置【杂色深度减低设置】下面的【杂色深度减低】参数值为"1.5"；启用【临时过滤】，它的作用是分析前后帧并与当前帧比较，将一帧里相近颜色的像素融合到一起，使图像更平滑并减少颗粒（注：这里

【临时过滤】翻译为【时间过滤】更为合适。）；设置【运动敏感度】参数值为"0.925"，如图 5-17 所示。

（2）下面再对遮罩进行修改，在【时间轴】窗口中选择"matte"图层，执行菜单栏中的【效果】→【模糊和锐化】→【快速方框模糊】命令，设置【模糊半径】为"6.0"，这样在人物脸部与脸部周围部分就不会有锐利的边缘了，效果如图 5-18 所示。

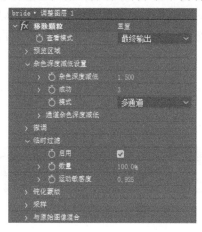

图 5-17　　　　　　　　　　　　　　　　　图 5-18

5.2.3　后期修正

由于制作的遮罩问题，眼角和嘴角的部分区域没有被选中，这些区域没有被光滑处理，使得与周围光滑过的部位反差很大，下面要给脸部增加一些噪点，弥补这些部位的问题。

在【时间轴】窗口中选择调整图层，执行菜单栏中的【效果】→【杂色和颗粒】→【添加颗粒】命令，在【效果控件】窗口中，把【查看模式】改为"最终输出"，【预设】为"Kodak vision 250D"，展开【微调】，调整【强度】为"0.2"，【大小】为"1.2"，【柔和度】为"1.1"，【长宽比】为"0.9"，展开【颜色】，设置【饱和度】为"0.25"，如图 5-19 和图 5-20 所示。

图 5-19　　　　　　　　　　　　　　　　　图 5-20

5.3 典型应用：静帧人物合成

⊜ **知识与技能**

本例主要学习使用 Keylight 对静帧进行键控抠像。

5.3.1 Keylight 键控抠像

⊜ **操作步骤**

（1）新建项目，导入素材"background.jpg"和"curly_hair.tga"到【项目】窗口中，本例的画面大小与"background.jpg"相同，可以以"background.jpg"的参数创建新合成，将"background.jpg"拖到【项目】窗口底部的【新建合成】按钮上，创建一个新的合成"background"。

（2）把素材"curly_hair.tga"从【项目】窗口拖到【时间轴】窗口，放置到"background.jpg"图层的上面。

（3）执行菜单栏中的【文件】→【项目设置】命令，在打开的【项目设置】对话框中，切换到【颜色】选项卡，设置【深度】为"每通道 32 位（浮点）"，使每个颜色通道为 32 位，增加颜色的可调节范围，如图 5-21 所示。

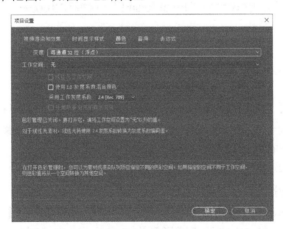

图 5-21

（4）在【时间轴】窗口中选择"curly_hair.tga"图层，执行菜单栏中的【效果】→【Keying】→【Keylight】命令。

Keying（键控）是用图像中的某种颜色值或亮度值来定义透明区域的，指定键控后，图像中所有具有类似颜色或亮度值的像素都变为透明。使用键控技术可以很容易地用一幅图像替换颜色或亮度一致的背景。将纯色背景抠出的技术通常称为蓝屏或绿屏技术，但并不是一定要使用蓝色或绿色，可以使用任一纯色作背景。

在【效果控件】窗口中选择【Screen Colour】右侧的吸管，在要抠掉的绿色背景上单击一下，可以看到人周围的绿色背景基本被抠掉，变成透明了，但是还存在很多噪点，画面不够干净。

在【时间轴】窗口中选择"curly_hair.tga"图层，使用工具栏上的【钢笔工具】在"curly_hair.tga"图层绘制一个蒙版，把人物隔离出来，这样抠像更为方便，如图 5-22 所示。

把"蒙版 1"的模式由"相加"改为"无"，设置 Keylight 的【Outside Mask】外部蒙版为"蒙版 1"，并且选中"Inverted"反转选项。

（5）在【效果控件】窗口中把【View】查看模式改为"Screen Matte"，可以看到人物部分还存在一些灰度区域，如图 5-23 所示。

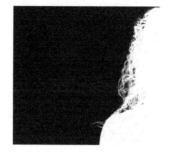

图 5-22   图 5-23

把【Screen Gain】设为"105"，展开【Screen Matte】参数，把【Clip Black】参数值设为"11"，使原来亮度低于 11 的像素都变为黑色；把【Clip White】参数值设为"90"，使原来亮度高于 90 的像素都变为白色；把【Screen Softness】参数值设为"0.5"，使人物边缘产生一些柔化效果，如图 5-24 所示。

最后把【View】查看模式设为"Final Result"（最终输出效果）。

5.3.2　加亮头发

操作步骤

（1）在【时间轴】窗口中选择"curly_hair.tga"图层，执行菜单栏中的【图层】→【预合成】命令，把它放到一个新的合成中，在弹出的对话框中，设置【新合成名称】为"Keyed footage"，选择"将所有属性移到新合成"选项。

（2）在【时间轴】窗口中选择"Keyed footage"图层，按【Ctrl+D】组合键把"Keyed footage"图层复制两份。

选中最上面的"Keyed footage"合成，执行菜单栏中的【效果】→【声道】→【反转】命令，在【效果控件】窗口中设置【通道】为"Alpha"，在【时间轴】窗口中隐藏最下面的两个图层，在【合成】窗口底部选择"Alpha"，显示合成的 Alpha 通道。（注：这里【声道】翻译成【通道】更为合适。）效果如图 5-25 所示。

图 5-24   图 5-25

（3）在【时间轴】窗口中设置第 2 个 "Keyed footage" 图层的 TrkMat 为 "Alpha 遮罩 'Keyed footage'"，如图 5-26 和图 5-27 所示。

（4）在【时间轴】窗口中选择最上面的 "Keyed footage" 图层，执行菜单栏中的【效果】→【模糊和锐化】→【通道模糊】命令，在【效果控件】窗口中设置【Alpha 模糊度】为 "41"，勾选 "重复边缘像素" 选项，效果如图 5-28 所示。

图 5-26

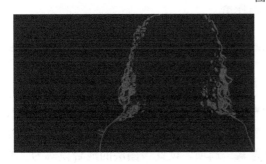

图 5-27

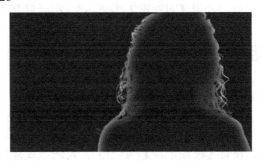

图 5-28

（5）在【时间轴】窗口中显示最下面的两个图层，复制 "background.jpg" 图层，把复制后的图层移到第 2 个 "Keyed footage" 图层的下面，设置它的 TrkMat 为 "Alpha 遮罩 'Keyed footage'"，在【合成】窗口中选择 "RGB" 显示，如图 5-29 和图 5-30 所示。

图 5-29

图 5-30

（6）在【时间轴】窗口中选择最上面的两个 "Keyed footage" 图层，执行菜单栏中的【图层】→【预合成】命令，把它放到一个新的合成中，在弹出的对话框中，设置【新合成名称】为 "Light Warp"，勾选 "将所有属性移到新合成" 选项。

打开 "Light Warp" 合成，显示下面的 "Keyed footage" 图层，这样在头发的边缘就添加了一些光效，效果如图 5-31 所示。

（7）在【时间轴】窗口中选择 "Keyed footage" 图层，执行菜单栏中的【效果】→【颜色校正】→【曝光度】命令，在【效果控件】窗口中设置【灰度系数校正】为 "1.13"，提高中间调亮度；设置【曝光度】为 "0.09"，提高一些曝光度。

图 5-31

再执行菜单栏中的【效果】→【颜色校正】→【亮度和对比度】命令，在【效果控件】窗口中设置【对比度】为"-6"，稍微降低一些对比度。

5.3.3 虚化背景

操作步骤

（1）在【时间轴】窗口中选择"background"合成中的第 2 个图层"background"图层，执行菜单栏中的【效果】→【模糊和锐化】→【快速方框模糊】命令，在【效果控件】窗口设置【模糊半径】为"20"，勾选"重复边缘像素"选项。设置该图层的混合模式为"屏幕"，【不透明度】值为"61%"，如图 5-32 所示。

（2）在【时间轴】窗口中选择合成底部的"background.jpg"图层，执行菜单栏中的【效果】→【模糊和锐化】→【快速方框模糊】命令，在【效果控件】窗口中设置【模糊半径】为"7"，勾选"重复边缘像素"选项，这样画面有一定的空间层次感，突出了前面的人物主体。最终效果如图 5-33 所示。

图 5-32

图 5-33

5.4 典型应用：三维场景合成

知识与技能

本例主要学习使用 Keylight 对图像序列进行键控抠像。

三维场景合成

5.4.1 Keylight 键控抠像

操作步骤

（1）新建项目，在【项目】窗口空白处双击鼠标，打开【导入文件】对话框，选择图像序列中的第 1 个文件 "green.0000.jpg"，勾选 "ImporterJPEG 序列" 选项，然后单击【导入】按钮，导入图像序列文件，如图 5-34 所示。

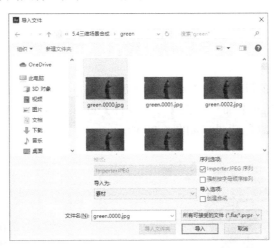

图 5-34

再次在【项目】窗口空白处双击鼠标，导入素材 "AO_BG.jpg" "bg_zdepth.jpg" "AO_FG.tga" "BG_all.tga" "color.tga" "diffuse.tga" "FG_color.tga" "FG_zdepth.tga"，在导入包含 Alpha 通道的 TGA 文件时，会弹出一个对话框，单击【猜测】按钮自动检测 Alpha 通道类型，然后单击【确定】按钮导入到【项目】窗口中。导入 "specs.tga" 文件时，选择 "忽略" Alpha 通道。

（2）本例的画面大小与 "green.png" 序列相同，可以以 "green.png" 序列的参数创建新合成，将 "green.png" 序列拖到【项目】窗口底部的【新建合成】按钮上，创建一个新的合成。

（3）在【合成】窗口中可以看到这是一个在绿屏环境下拍摄的视频，需要对绿屏背景进行抠像。在【合成】窗口底部单击【切换透明网格】按钮，使合成背景以透明网格显示。

在【时间轴】窗口中选择 "green.[0000-0323].jpg" 图层，在 0:00:00:00 处，使用工具栏中的【钢笔工具】在【合成】窗口中绘制一个蒙版，把人物的大致轮廓从背景中分离出来，这样可以减少一些杂物对后续抠像的干扰，如图 5-35 所示。

单击【播放】按钮预览，可以看到在部分帧中，人物的某些部分不在蒙版范围内了，这个问题只需要为蒙版制作关键帧即可解决。在【时间轴】窗口展开 "green.[0000-0323].jpg" 图层下面的 "蒙版 1"，单击【蒙版路径】左侧的码表，创建一个关键帧，拖动当前时间，找到出现问题的画面，如图 5-36 所示。

使用工具栏中的【选取工具】调整 "蒙版 1" 上的顶点使人物包含在蒙版范围内，在该时间点自动创建一个【蒙版路径】的关键帧，调整后效果如图 5-37 所示。

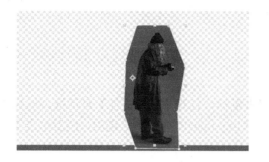 

图 5-35   图 5-36

继续拖动当前时间调整有问题的画面，最后把整个视频检查一遍，确定每一帧人物都在蒙版范围内。

（4）在【时间轴】窗口中选择 "green.[0000-0323].jpg" 图层，执行菜单栏中的【效果】→【Keying】→【Keylight】命令，在【效果控件】窗口使用【Screen Colour】右侧的吸管在【合成】窗口中吸取绿色背景，如图 5-38 所示。

图 5-37   图 5-38

在【效果控件】窗口中把【View】查看模式设置为 "Screen Matte"，这时在【合成】窗口中看到是一个黑白画面，其中白色部分表示对应的画面是不透明的、保留下来的，黑色部分表示对应的画面是透明的、抠掉的，灰色部分表示对应的画面是半透明的，如图 5-39 所示。可以看到，在人物身体和背景上还有些灰色，正常情况下人物身体应该是白色的，而背景应该是黑色的。设置【Screen Gain】值为 "115"，去除黑色背景中的灰色杂质。展开【Screen Matte】参数，设置【Clip White】值为 "70"，这样可以把画面中像素亮度值大于 70 的调整为纯白，如图 5-40 所示。

图 5-39   图 5-40

把【View】查看模式设置为 "Final Result"，查看抠像后的最终效果，如图 5-41 所示。

可见人物基本从背景中分离出来了，但是在细节上还存在一些问题，人物的边缘比较粗糙。设置【Screen Softness】值为"0.3"，对人物边缘进行柔化处理，参数如图 5-42 所示。

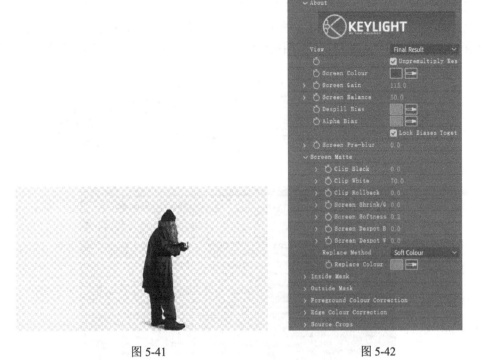

图 5-41   图 5-42

5.4.2 CG 场景合成

➡ 操作步骤

（1）把素材"BG_all.tga"从【项目】窗口中拖到【时间轴】窗口中，放到"green.[0000-0323].jpg"图层的下面，展开该图层下面的【变换】参数，设置【缩放】为"67.0,67.0%"，使背景图层的大小与合成相匹配。把素材"FG_color.tga"从【项目】窗口中拖到【时间轴】窗口中，放到"green.[0000-0323].jpg"图层的上面，展开该图层下面的【变换】参数，设置【缩放】为"67.0,67.0%"，使前景图层的大小与合成相匹配，效果如图 5-43 所示。

图 5-43

（2）设置 AO 贴图。把素材"AO_BG.jpg"从【项目】窗口中拖到【时间轴】窗口中，放到"BG_all.tga"图层的上面，展开该图层下面的【变换】参数，设置【缩放】为"67.0,67.0%"，使它的大小与合成相匹配。设置"AO_BG.jpg"图层的混合模式为"相乘"。

把素材"AO_FG.tga"从【项目】窗口中拖到【时间轴】窗口中，放到"FG_color.tga"图层的上面，展开该图层下面的【变换】参数，设置【缩放】为"67.0,67.0%"，使它的大小与合成相匹配。设置"AO_FGtga"图层的混合模式为"相乘"，如图 5-44 和图 5-45 所示。

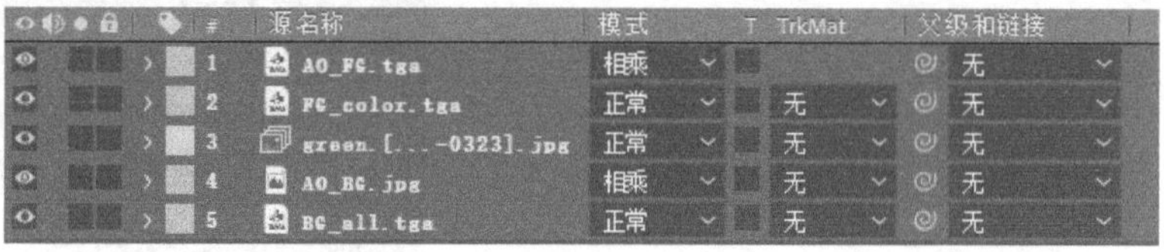

图 5-44

图 5-45

（3）设置高光贴图。把素材"specs.tga"从【项目】窗口中拖到【时间轴】窗口中，放到"AO_BG.jpg"图层的上面，展开该图层下面的【变换】参数，设置【缩放】为"67.0,67.0%"，使它的大小与合成相匹配。设置"specs.tga"图层的混合模式为"相加"，适当降低高光的不透明度，设置【不透明度】值为"60%"，如图 5-46 和图 5-47 所示。

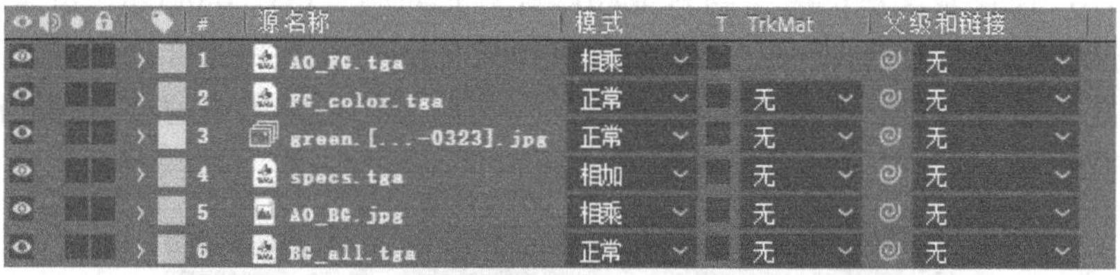

图 5-46

（4）设置 ZDepth 景深贴图。把素材"FG_zdepth.tga"和"bg_zdepth.jpg"从【项目】窗口中拖到【时间轴】窗口中，放到合成的底部，展开这两个图层下面的【变换】参数，设置【缩放】为"67.0,67.0%"，使它们的大小与合成相匹配，如图 5-48 所示。

在【时间轴】窗口中选择"FG_zdepth.tga"和"bg_zdepth.jpg"图层，执行菜单栏中的【图层】→【预合成】命令，在弹出的对话框中【新合成名称】为"ZDepth"，勾选"将所有属性移到新合成"选项。

图 5-47

◉ ● ● ⛉	🏷	#	源名称	模式		T	TrkMat		父级和链接	
◉		1	AO_FG.tga	相乘	∨				◎ 无	∨
◉		2	FG_color.tga	正常	∨		无	∨	◎ 无	∨
◉		3	green.[..-0323].jpg	正常	∨		无	∨	◎ 无	∨
◉		4	specs.tga	相加	∨		无	∨	◎ 无	∨
◉		5	AO_BG.jpg	相乘	∨		无	∨	◎ 无	∨
◉		6	BG_all.tga	正常	∨		无	∨	◎ 无	∨
◉		7	FG_zdepth.tga	正常	∨		无	∨	◎ 无	∨
◉		8	bg_zdepth.jpg	正常	∨		无	∨	◎ 无	∨

图 5-48

执行菜单栏中的【图层】→【新建】→【调整图层】命令，把新建的调整图层放置到"green"合成的顶部。

选择调整图层，执行菜单栏中的【效果】→【模糊和锐化】→【摄像机镜头模糊】命令，在【效果控件】窗口，展开【模糊图】下面的【图层】，选择"ZDepth"，如图 5-49 所示。

图 5-49

（5）边角压暗。执行菜单栏中的【图层】→【新建】→【纯色】命令，新建一个黑色纯色图层，命名为"Vignette"，把新建的纯色图层放到"green"合成的顶部。使用工具栏中的【椭圆工具】在该纯色图层上绘制一个椭圆形蒙版，如图 5-50 所示。

图 5-50

展开纯色图层"Vignette"下面的"蒙版 1"，勾选"反转"选项，使蒙版反向，设置【蒙版羽化】为"75.0,75.0"，【蒙版不透明度】为"65%"，最终效果如图 5-51 所示。

图 5-51

5.5 典型应用：刺客信条

🔘 知识与技能

本例主要学习使用 Rotoscoping 对图像序列进行抠像。使用该方法抠像工作量较大，一般不建议使用。

5.5.1 Rotoscoping 抠像

🔘 操作步骤

（1）新建项目，在【项目】窗口的空白处双击鼠标，在弹出的【导入文件】对话框中选择"Green_Screen.tif"序列的第 1 个文件，勾选 "TIFF 序列"选项，单击【导入】按钮将"Green_Screen.tif"序列导入到【项目】窗口中，如图 5-52 所示。

（2）重新解释导入的"Green_Screen.tif"序列帧速率为 25 帧/秒。在【项目】窗口中选中"Green_Screen.tif"序列，执行右键快捷菜单中的【解释素材】→【主要】命令，在弹出的对话框中设置【帧速率】为"25"，如图 5-53 所示。

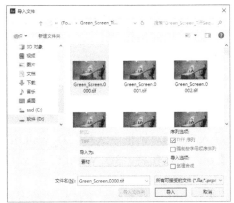

图 5-52   图 5-53

（3）本例的画面大小与"Green_Screen.tif"相同，可以以"Green_Screen.tif"的参数创建新合成，将"Green_Screen.tif"拖到【项目】窗口底部的【新建合成】按钮上，创建一个新的合成。

在【合成】窗口中可以看到抠像的素材虽然是绿屏背景，但是在人物周围还有很多其他物体，会影响抠像效果。可以采用绿屏结合蒙版抠像，但是需要对部分画面进行修补，去除杂物。

在本例中介绍一种新的抠像方法，使用工具栏中的【Roto 笔刷工具】进行抠像，这种方法工作量较大，一般在没有更好的抠像方法下才使用。

（4）在【时间轴】窗口中选择"Green_Screen.tif"图层，双击，在【图层】窗口中打开该图层，使用工具栏中的【Roto 笔刷工具】进行抠像，在前景上（也就是需要保留的部分，这里是人物），拖动鼠标进行涂抹；在背景上（也就是不需要保留的部分），按住【Alt】键后拖动鼠标进行涂抹，大致抠像效果如图 5-54 所示。

（5）对人物的边缘部分仔细进行检查，发现有问题的地方主要是手指部分，使用【Roto 笔刷工具】进行调整，效果如图 5-55 所示。

图 5-54   图 5-55

（6）完成一帧抠像后，切换到上一帧或下一帧，重复步骤（5）的操作，这个过程需要耐心细致地去调整。全部调整完成后，在【效果控件】窗口设置【Roto 笔刷和调整边缘】的参数，展开【Roto 笔刷遮罩】，设置 Feather【羽化】为"8.1%"，使抠像边界部分更加模糊一些；【移动边缘】为"-2.0%"，使蒙版向内收缩一些。这样就可以对人物由于抠像而残留的边缘问题进行有效的控制。最后在【图层】窗口底部单击【冻结】按钮进行冻结，完成抠像操作。

5.5.2 场景合成

➡ **操作步骤**

（1）在【项目】窗口的空白处双击鼠标，在弹出的【导入文件】对话框中选择"3D_Wall.tif"序列的第 1 个文件，勾选"TIFF 序列"选项，单击【导入】按钮将"3D_Wall.tif"序列导入到【项目】窗口中。

由于"3D_Wall.tif"文件中包含 Alpha 通道，在弹出的对话框中单击【猜测】按钮自动检测 Alpha 通道的类型。

（2）重新解释导入的"3D_Wall.tif"序列帧速率为 25 帧/秒。在 Project【项目】窗口中选中"3D_Wall.tif"序列，执行右键快捷菜单中的【解释素材】→【主要】命令，在弹出的对话框中设置【帧速率】为"25"。

（3）再次在【项目】窗口的空白处双击鼠标，在弹出的【导入文件】对话框中选择"mattepainting.png"文件。

（4）把素材"mattepainting.png"和"3D_Wall.tif"序列从【项目】窗口拖到【时间轴】窗口"Green_Screen"合成中，放置在"Green_Screen.tif"图层的下面，对"mattepainting.png"图层进行缩放移动，最终效果如图 5-56 所示。

图 5-56

5.6 综合实例：飞来横祸

➡ **知识与技能**

本例主要学习综合使用 Keylight 及蒙版对视频进行抠像合成。

5.6.1 素材对位

➡ **操作步骤**

（1）新建项目，导入素材"BG Plate.mov""Walk.mov""Hood.png""car hit.wav"到

【项目】窗口中，本例的画面大小与"BG Plate.mov"序列相同，可以以"BG Plate.mov"的参数创建新合成，将"BG Plate.mov"拖到项目窗口底部的【新建合成】按钮上，创建一个新的合成。

（2）把"Walk.mov"从【项目】窗口拖到【时间轴】窗口中的"BG Plate.mov"图层的上面，设置图层的【不透明度】为"50%"，这样便于观察。播放视频预览，找到车刚撞到人的瞬间所在的帧为 0:00:01:17，调整"Walk.mov"图层的【位置】为"690.0,356.0"，如图 5-57 所示。

（3）在【时间轴】窗口中选择"Walk.mov"图层，执行菜单栏中的【图层】→【预合成】命令，在弹出的对话框中设置新合成名为"Walking"，勾选"保留'BG Plate'中的所有属性"，如图 5-58 所示。

图 5-57

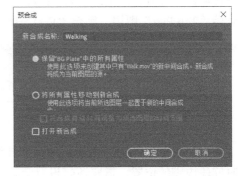

图 5-58

（4）在【时间轴】窗口打开"BG Plate"合成，播放到 0:00:01:23 处，即车撞到人的瞬间，在这之后的画面不再需要。打开"Walking"合成，选中"Walk.mov"图层，设置它的出点为 0:00:01:23，这样可以裁剪掉它后面的部分。

5.6.2　人物抠像

操作步骤

（1）在【项目】窗口双击"Walking"合成，把它在【时间轴】窗口中打开，对原始素材进行处理，要做的就是去掉绿色背景，把人物抠出来。选中"Walk.mov"图层，把当前时间设置为 0:00:01:12，使用工具栏中的【钢笔工具】对人物勾画一个粗略的蒙版，暂时把蒙版模式设为"无"，如图 5-59 所示。

（2）下面要抠掉绿色背景。在【时间轴】窗口中选择"Walk.mov"图层，把蒙版模式设为"相加"。执行菜单栏中的【效果】→【Keying】→【Keylight】命令，在【效果控件】窗口中使用【Screen Colour】右侧的吸管吸取绿色背景，设置【Screen Pre-blur】为"0.8"，在开始去背景之前模糊一下边缘部分。展开【Screen Matte】参数，设置【Replace Method】为"Hard Colour"。"Hard Colour"可以最大程度地使绿色清除干净，使边缘混合得更好一些。设置 Clip Black 为"35"，Clip White 为"78"，查看 Screen Matte，使亮度低于 35 的颜色都变为黑色，亮度高于 78 的颜色都变为白色，这样保证背景去除干净，而前景不会被误抠掉，如图 5-60 所示。

图 5-59   图 5-60

（3）在【时间轴】窗口中选择"Walk.mov"图层，重命名为"Top Part"，把它复制两个图层，并且将它们重命名为"Feet"和"Feet2"，删除"Feet"和"Feet2"图层上的蒙版。隐藏"Top Part"图层，锁定"Feet"图层，隐藏"Feet2"图层，如图 5-61 所示。

◎ ▶ ● 🔒	↗ #	图层名称	模式	T TrkMat	父级和链接
	> 1	Feet2	正常 ∨		◎ 无 ∨
◎ 🔒	> 2	Feet	正常 ∨	无 ∨	◎ 无 ∨
	> 3	Top Part	正常 ∨	无 ∨	◎ 无 ∨

图 5-61

（4）选中"Feet2"图层，使用工具栏中的【钢笔工具】为两只脚制作蒙版。注意整个时间段内脚的位置。需要逐帧设置蒙版的【蒙版路径】关键帧，这部分调整蒙版所花时间较多，不需要太精细，把脚的大致轮廓勾画出来即可，最后设置两只脚上的蒙版的【蒙版羽化】值为"0.5"，效果如图 5-62 所示。

图 5-62

（5）显示"Top Part"和"Feet2"图层，解锁并删除"Feet"图层，效果如图 5-63 所示。

（6）现在已经把脚还原回来了，接着需要还原阴影部分。在【时间轴】窗口，按【Ctrl+D】组合键把"Feet2"图层复制一份，将其重命名为"Shadow"并放置到"Feet2"图层的下面，设置"Shadow"图层左脚蒙版的【蒙版羽化】为"24.0,24.0"，【蒙版扩展】为"11.0"；设置右脚蒙版的【蒙版羽化】为"25"，【蒙版扩展】为"16"。使用工具栏上的【矩形工具】在"Shadow"图层上绘制蒙版，将蒙版模式由"相加"改为"相减"，【蒙版羽化】为"38.0,38.0"，再把"Shadow"图层复制一份，将其重命名为"Shadow2"，加深阴影部分，效果如图 5-64 所示。

图 5-63   图 5-64

（7）在【时间轴】窗口中打开"BG Plate"合成，选中"Walking"图层，设置【不透明度】值为 100%，执行菜单栏中的【图层】→【预合成】命令，对它进行预合成，【新合成名称】为"Walking Composite"。

（8）在"Walking Composite"合成中查看，发现人被车撞到之前向右看的时候，动作太过于连贯，需要删除一帧。把当前时间设置为 0:00:01:14，执行菜单栏中的【编辑】→【拆分图层】命令，在此时间点把原图层分成两部分，把后半部分的入点设置为"0:00:01:15，再把前半部分整体向右移动一帧，这样就达到了删除 0:00:01:14 帧的目的，使人被车撞到的时候看起来更突然。

（9）下面需要解决车开过来时，人影和车影重叠的问题。打开"Walking"合成，执行菜单栏中的【图层】→【新建】→【纯色】命令，新建一个纯色图层，把它放置到合成的顶部，隐藏该图层，在 0:00:01:15 处，在该图层上使用工具栏中的【钢笔工具】在左脚阴影处绘制蒙版，设置【蒙版羽化】为"8.0,8.0"，效果如图 5-65 所示。

显示该纯色图层，并设置图层混合模式为"轮廓 Alpha"，目的是消除在这个区域内的任何物体，也就是消除人物的阴影。

在 0:00:01:15 处，单击【蒙版路径】左侧的码表，创建关键帧；在 0:00:01:14 处，移动蒙版位置，自动创建一个关键帧，如图 5-66 所示。

图 5-65   图 5-66

5.6.3 人被撞飞效果

⮕ 操作步骤

（1）在【时间轴】窗口中打开"BG Plate"合成，把当前时间移到 0:00:01:14 处，即人将被撞到的时候，选中"Walking Composite"图层，使用工具栏中的【向后平移（锚点）工具】把锚点移动到人的身体上。

（2）执行菜单栏中的【图层】→【新建】→【空对象】命令，新建一个空对象"空 1"，对它的【位置】设置关键帧，在 0:00:01:14 处，移动到靠近车窗的位置，创建关键帧；在 0:00:01:23 处，跟随汽车位置移动，创建关键帧，确保移动路径是一条直线；在 0:00:02:02 处，创建关键帧，把它移出画面。

（3）执行菜单栏中的【图层】→【新建】→【纯色】命令，新建一个纯色图层，关闭显示，把当前时间设置为 0:00:01:16，在车头位置使用工具栏中的【钢笔工具】勾画蒙版，设置【蒙版羽化】为"12.0,5.0"，如图 5-67 所示。

（4）在【时间轴】窗口中复制"BG Plate.mov"图层，把它移到纯色图层的下面，设置纯色图层为它的"Alpha 遮罩"，设置纯色图层的父对象为"空 1"，如图 5-68 所示。

图 5-67   图 5-68

（5）为了使车头部分移动得更真实一些，需要对纯色图层的【蒙版路径】设置关键帧，这部分需要逐帧调整。

（6）为了使人有突然被撞飞了的效果，选中"Walking Composite"图层，在 0:00:01:15 处，向左移动"Walking Composite"图层，使人与车头接触，执行菜单栏中的【编辑】→【拆分图层】命令，把它分成两部分，把后半部分的父对象也设置为"空 1"。对"Walking Composite"后半部分创建【位置】和【旋转】关键帧，使其看起来有车猛撞上人的感觉。

5.6.4 车头碰撞效果

操作步骤

（1）创建玻璃碎片。执行菜单栏中的【图层】→【新建】→【纯色】命令，新建一个纯色图层，重命名为"Glass"，执行菜单栏中的【效果】→【模拟】→【CC Particle World】命令。

在【效果控件】窗口中，展开【Physics】（物理学）下面的【Floor】（地面）参数，设置【Floor Action】（地面动作）为"Bounce 反弹"，【Random Bounciness】（反弹随机值）为"20"，【Bounce Spread】（反弹扩散值）为"15"，使碎片落到地面后，以相同的速度随机向不同的方向反弹出去。

展开【Particle】（粒子）参数，设置【Particle Type】（粒子类型）为"TriPolygon"（三角面），调整碎片的大小，设置【Birth Size】（初始大小）为"0.049"，【Death Size】（消失大小）为"0.019"；调整碎片的颜色，设置【Birth Color】（初始颜色）为"淡蓝色"，【Death Color】（消失颜色）为"白色"。

现在要让碎片在撞到人的时候产生，在 0:00:01:14 处，单击【Birth Rate】左侧的码表，设置参数值为"0",创建关键帧;在 0:00:01:15 处,设置【Birth Rate】为"40",自动创建一个关键帧;在 0:00:01:17 处,设置【Birth Rate】为"0",自动创建一个关键帧,这样碎片就像子弹一样发射出来了。接下来要确保碎片跟随汽车运动,为【Producer】(发射器)的【Position】创建关键帧,在 0:00:01:14 处,单击【Producer】的【Position X】【Position Y】【Position Z】左侧码表,参数值分别设置为"-0.11,0,0",创建关键帧;在 0:00:01:17 处,【Producer】的【Position X】【Position Y】【Position Z】参数值分别设置为"0.11,0,0",自动创建关键帧。

在【Physics】中增加【Inherit Velocity】(继承速度)为"60",这样车子驶过来的时候,碎片也向前运动;增加【Gravity】(重力)为"0.75",使玻璃碎片下落得更快一点。在 0:00:01:17 处的参数设置如图 5-69 所示,效果如图 5-70 所示。

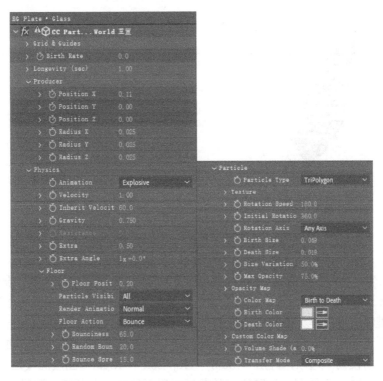

图 5-69

(2)在【时间轴】窗口中选择"Glass"图层,执行菜单栏中的【效果】→【模糊和锐化】→【快速方框模糊】命令,在【效果控件】窗口中设置【模糊方向】为"垂直",【模糊半径】为"2",【迭代】为"1",在垂直方向模糊碎片,使碎片看起来更真实一些。

(3)当车撞上人后,引擎盖会变形,这样看起来更真实。将"Hood.png"拖到【项目】窗口底部的【新建合成】按钮上,创建一个新的合成。打开"Hood"合成,把图层重命名为"Top Left",使用工具栏中的【钢笔工具】勾画蒙版,使用工具栏中的【向后平移(锚点)工具】设置锚点在引擎盖的左下角处,如图 5-71 所示位置。

(4)在【时间轴】窗口中选择"Top Left"图层,按【Ctrl+D】组合键复制一份,并重命名为"Right",删除这个图层上的蒙版,重新勾画蒙版,设置锚点到左上角处,如图 5-72 所示。

图 5-70 图 5-71

再复制一层，重命名为"Main"，删除蒙版，重新勾画蒙版，如图 5-73 所示。

图 5-72 图 5-73

（5）设置"Right"图层的父对象为"Top Left"，在 0:00:00:00 处，单击"Top Left"图层的【旋转】左侧的码表，设置参数值为"33.8"，创建关键帧；单击"Right"图层的【旋转】左侧的码表，设置参数值为"-75.2°"，创建关键帧。在 0:00:00:04 处，设置"Top Left"图层的【旋转】为"9.8°"，自动创建关键帧，设置"Right"图层的【旋转】为"-11.9°"，自动创建关键帧，形成车头碰撞后变形的效果，如图 5-74 所示。

（6）打开运动模糊效果，勾选【时间轴】窗口上方的"为设置了'运动模糊'开关所有图层启用运动模糊"选项，开启"Main""Top Left""Right"图层的【运动模糊】。

（7）复制"Main"图层，删除原有的蒙版，重新绘制一个蒙版，设置锚点在它的右上角，移动并旋转至如图 5-75 所示位置。

图 5-74 图 5-75

把该图层拖到"Top Left"图层的下面，设置它的父对象为"Top Left"图层，这样它就跟随"Top Left"图层一起运动，这样就完成车头部分被撞起来的效果了。

（8）打开"BG Plate"合成，把"Hood"合成从【项目】窗口拖到合成的顶部，【缩放】为"28.0,28.0"，调整大小后放置到合适的位置，把"Hood"图层整体向右移动到 0:00:01:14 处，设置它的父对象为"空 1"图层，开启"Hood"的运动模糊开关。选中该图层，执行菜单栏中的【效果】→【颜色校正】→【曲线】命令，对红、绿、蓝通道进行调整，使它与车身颜色相匹配，如图 5-76 所示。

（9）在 0:00:01:16 处，在"Hood"图层上面勾画蒙版，并将蒙版模式由"相加"改为"相减"，设置【蒙版羽化】为"33"，效果如图 5-77 所示。

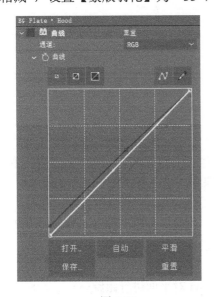

图 5-76

图 5-77

在 0:00:01:14 处，单击"Hood"图层的【不透明度】左侧的码表，设置参数值为"0%"，创建关键帧；在 0:00:01:16 处，设置【不透明度】的值为"100%"，自动创建关键帧，这样车头变形就在碰撞后才出现了。

第6章

跟 踪

本章学习目标

◆ 掌握运动跟踪、平面跟踪、摄像机跟踪的原理及应用领域。

◆ 掌握单点跟踪的方法。

◆ 掌握两点跟踪的方法。

◆ 掌握四点跟踪的方法。

◆ 掌握平面跟踪的方法。

◆ 掌握摄像机跟踪的方法。

　　跟踪就是对视频画面中的某个特定内容进行跟随操作。跟踪的方法有多种，第一种是跟踪运动，使用 After Effects 内置的跟踪器模块。跟踪运动需要解决以下几个问题。

　　（1）对哪个图层的哪个元素进行跟踪？

　　（2）使用何种跟踪方式，也就是跟踪元素的位移、旋转、缩放变化还是透视变化？

　　（3）根据何种差异进行跟踪？要跟踪的元素与背景有明显差异才能进行。

　　（4）跟踪元素得到的数据赋予图层还是特效？

　　第二种是平面跟踪，使用 After Effects 的插件 Mocha 对平面进行跟踪。

　　第三种是摄像机跟踪，使用 After Effects 的插件 3D Camera Tracker，或者第三方软件如 Boujou、PFTrack、Syntheyes 实现三维空间内的跟踪。

6.1　边学边做：跟踪合成火球

知识与技能

本例主要学习单点跟踪的技术。

6.1.1　素材处理

跟踪合成火球

操作步骤

　　（1）新建项目，把"背景[0001-0310].jpg"序列和"火球.mov"导入到【项目】窗口中，如图 6-1 所示。

　　（2）重新解释导入的"背景[0001-0310].jpg"序列帧速率为 25 帧/秒。在【项目】窗口中选择"背景[0001-0310].jpg"序列，执行右键快捷菜单中的【解释素材】→【主要】命令，在弹出的对话框中设置帧速率，输入"25"，如图 6-2 所示。

名称	媒体持续_	类型
背景[0001-0310].jpg	0:00:10:10	素材
火球.mov	0:00:10:00	QuickTime

图 6-1   图 6-2

（3）本例的画面大小与"背景[0001-0310].jpg"序列相同，可以以"背景[0001-0310].jpg"序列的参数建立新合成，将"背景[0001-0310].jpg"序列拖到【项目】窗口底部的【新建合成】按钮上，创建一个新的合成。

（4）把素材"火球.mov"从【项目】窗口中拖到【时间轴】窗口中"背景[0001-0310].jpg"图层的上面，设置"火球.mov"图层的图层混合模式为"相加"，过滤掉"火球.mov"图层上的黑色背景，移动"火球.mov"到演员手上，并缩放到合适的大小，"火球.mov"图层的【缩放】值为"25.0,25.0%"。使用工具栏中的【向后平移（锚点）工具】把锚点设置到火球的底部，如图 6-3 所示。

图 6-3

6.1.2　单点跟踪

操作步骤

（1）在【时间轴】窗口中选择"背景[0001-0310].jpg"图层，执行菜单栏中的【动画】→【运动跟踪】命令，打开【跟踪器】窗口，单击【跟踪运动】按钮，创建"跟踪点1"，同时可以看到"背景[0001-0310].jpg"在【图层】窗口中被打开，显示出单点跟踪的采样框。

采样框的内框为特征区域框，用于指定跟踪对象的特征区域；外框为跟踪区域，用于定义跟踪对象的采样范围，中间的十字点为得到跟踪路径生成关键帧的位置。

（2）在【跟踪器】窗口中设置跟踪图层的【运动源】为"背景[0001-0310].jpg"序列。设置【跟踪类型】为默认的"位置"选项，则只跟踪元素的位置变化；如果选择"旋转"和"缩放"选项，则能跟踪元素的旋转和大小变化。

在本例中只需要跟踪元素的位置变化，只选中"位置"选项，如图 6-4 所示。

（3）设置根据何种差异进行跟踪。单击【跟踪器】窗口中的【选项】按钮，弹出【动态跟踪器选项】对话框。

在【通道】区域可以设置根据"RGB""明亮度""饱和度"进行跟踪。在本例中要跟踪的是手上的发光部分，很明显与周围存在的是亮度上的差异，因此选择"明亮度"选项，如图 6-5 所示。

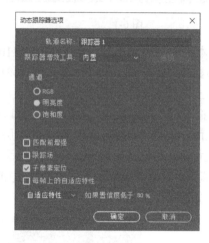

图 6-4   图 6-5

（4）在【图层】窗口中调整"跟踪点 1"的位置及采样框的大小，把采样框移动到手上发光处，如图 6-6 所示。

（5）把当前时间设置为 00:00:00:00，单击【跟踪器】窗口中的【向前分析】按钮，这时会自动向前播放，同时记录"跟踪点 1"的关键帧路径。如果在跟踪过程中出现采样框脱离跟踪点的情况，暂停跟踪，在脱离处调整采样框的位置和大小，并且从脱离处再开始跟踪，直到跟踪正确为止，效果如图 6-7 所示。

图 6-6   图 6-7

图 6-8

（6）完成跟踪后，需要把跟踪数据赋予目标层。单击【跟踪器】窗口中的【编辑目标】按钮，在弹出的【运动目标】对话框中选择"图层"选项，并选中"火球.mov"图层，如图 6-8 所示。

（7）单击【跟踪器】窗口中的【应用】按钮，在弹出的对话框中选择【应用维度】为"X 和 Y"，将得到的跟踪数据赋予"火球.mov"图层。

（8）回到【合成】窗口，单击【预览】窗口中的"播放"按钮，观看跟踪后的效果，发现在人离开画面后火球还停留在画面内，找到火球偏离手时所在的画面，调整火球的位置。在人离开画面后，火球不应该停留在画面内，这就需要把"火球.mov"图层 0:00:8:15 后面的【位置】关键帧全部删除，如图 6-9 所示。

图 6-9

6.2 边学边做：战火硝烟

⟶ **知识与技能**

本例主要学习两点跟踪的技术。

6.2.1 两点跟踪

⟶ **操作步骤**

（1）新建项目，将素材"PowerStation.mov"、"Smoke.mov"和"Streak.mov"导入到【项目】窗口中，本例的画面大小与"PowerStation.mov"相同，可以以"PowerStation.mov"的参数建立新合成，将"PowerStation.mov"拖到【项目】窗口底部的【新建合成】按钮上，创建一个新的合成。

（2）在【时间轴】窗口选择"PowerStation.mov"图层，执行菜单栏中的【动画】→【跟踪运动】命令，打开【跟踪器】窗口，单击【跟踪运动】按钮，创建"跟踪点 1"，同时可以看到"PowerStation.mov"在【图层】窗口中被打开，显示出单点跟踪的采样框。

（3）在【跟踪器】窗口，设置【运动源】为"PowerStation.mov"，设置【跟踪类型】为"变换"。本例中跟踪元素的位置产生变化，另外有明显的镜头摇动效果，因此需要选择"位置"和"旋转"选项，如图 6-10 所示。

（4）设置根据何种差异进行跟踪。单击【跟踪器】窗口中的【选项】按钮，弹出【动态跟踪器选项】对话框，这里采用默认设置，根据"明亮度"的差异进行跟踪，如图 6-11 所示。

图 6-10

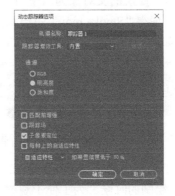

图 6-11

（5）在【时间轴】窗口中，把当前时间设置为 0:00:00:00，在【图层】窗口中调整跟踪点的位置及采样框的大小，把采样框移动到如图 6-12 所示的两个窗户处。

（6）在【跟踪器】窗口中单击【向前分析】按钮，这时会自动向前播放，同时记录跟踪点的关键帧路径。如果在跟踪过程中出现采样框脱离跟踪点的情况，暂停跟踪，在脱离处调整采样框的位置和大小，并且从脱离处再开始跟踪，直到跟踪正确为止。效果如图 6-13 所示。

图 6-12   图 6-13

图 6-14

（7）执行菜单栏中的【图层】→【新建】→【空对象】命令，在合成中新建一个空对象"空 1"，单击【跟踪器】窗口中的【编辑目标】按钮，在弹出的【运动目标】对话框中选择"图层"选项，并选中"空 1"图层，如图 6-14 所示。

单击【确定】按钮后返回，单击【跟踪器】窗口中的【应用】按钮，在弹出的对话框中设置【应用维度】为"X 和 Y"，将得到的跟踪数据赋予"空 1"图层。

6.2.2 后期合成

➡ 操作步骤

（1）把素材"Smoke.mov"从【项目】窗口拖到【时间轴】窗口的合成顶部，设置"Smoke.mov"图层的混合模式为"变暗"，把"Smoke.mov"图层中的白色背景过滤掉。设置"Smoke.mov"图层的父对象为"空 1"，在"Smoke.mov"图层和空对象"空 1"之间建立父子关系，使得"Smoke.mov"图层跟随空对象"空 1"一起运动。调整"Smoke.mov"图层的位置，如图 6-15 所示，得到效果如图 6-16 所示。

◉	◢	●	🔒	🏷	#	源名称		模式		T	TrkMat		父级和链接	
◉		〉			1	🎬 Smoke.mov		变暗	∨				◎ 2.空 1	∨
◉		〉			2	⬜ 空 1		正常	∨	无	∨	◎	无	∨
◉		〉			3	🎬 PowerStation.mov		正常	∨	无	∨	◎	无	∨

图 6-15

（2）使用工具栏中的【钢笔工具】在"Smoke.mov"图层上沿着房子边缘绘制一个蒙版"蒙版 1"。绘制的时候，为了便于观察，暂时隐藏"Smoke.mov"图层，绘制结束后，再显示"Smoke.mov"图层。展开"Smoke.mov"图层下面的"蒙版 1",勾选右侧的"反转"选项,把蒙版反向,效果如图 6-17 所示。

图 6-16   图 6-17

设置"蒙版 1"的【蒙版羽化】为"2",使遮罩边缘产生羽化效果。为了使烟雾始终在房子后面出现,需要为"蒙版 1"的【蒙版路径】制作关键帧,如图 6-18 所示。

适当降低烟雾的不透明度,设置"Smoke.mov"图层的【不透明度】参数值为"83%"。

(3)在【时间轴】窗口中选择"Smoke.mov"图层,按【Ctrl+D】组合键复制两份,选择最上面的"Smoke.mov"图层,删除它上面的"蒙版 1",移动图层位置,形成在房子前的烟雾效果,如图 6-19 所示。

图 6-18   图 6-19

(4)把素材"Streak.mov"从【项目】窗口中拖到【时间轴】窗口的合成中,放置到最上面,设置"Streak.mov"的父对象为"空 1",使它也跟随空对象"空 1"一起运动。

在"Streak.mov"视频中,我们需要的是炮弹的拖尾效果,而不是黑色的背景,设置"Streak.mov"图层的混合【模式】为"轮廓亮度",如图 6-20 所示。

◎●◎‖🔒	✎	#	源名称		模式		T	TrkMat		父级和链接	
◎	>	1	🎬 Streak.mov		轮廓亮度∨				◎	5.空 1	∨
◎	>	2	🎬 Smoke.mov		变暗	∨		无	◎	5.空 1	∨
◎	>	3	🎬 Smoke.mov		变暗	∨		无	◎	5.空 1	∨
◎	>	4	🎬 Smoke.mov		变暗	∨		无	◎	5.空 1	∨
◎	>	5	□ 空 1		正常	∨		无	◎	无	∨
◎	>	6	🎬 PowerStation.mov		正常	∨		无	◎	无	∨

图 6-20

(5)在 0:00:00:14 处,把"Streak.mov"图层移到如图 6-21 所示位置。

在画面中,击中屋顶的炮弹拖尾应该在树的后面,使用工具栏中的【钢笔工具】在"Streak.mov"图层上绘制"蒙版 1",展开图层下面的"蒙版 1",勾选右侧的"反转"选项，把蒙版反向，设置【蒙版羽化】为"120"，使遮罩边缘产生羽化效果，如图6-22所示。

图6-21   图6-22

当炮弹击中屋顶目标的时候，发现炮弹直接穿过屋顶，这时需要再绘制蒙版把多余的部分抠掉。

在 0:00:01:17 处，使用工具栏中的【钢笔工具】在"Streak.mov"图层上绘制"蒙版 2"，设置"蒙版 2"的模式为"相减"。在最后一帧处，使用工具栏中的【钢笔工具】在"Streak.mov"图层上绘制"蒙版 3"，设置"蒙版 3"的模式为"相减"，效果如图6-23所示。

（6）执行菜单栏中的【图层】→【新建】→【调整图层】命令，新建一个调整图层，把它放置到合成的最上面。调整图层的特点是在它上面添加的效果会影响在它下面的所有图层。

选中调整图层，执行菜单栏中的【效果】→【颜色校正】→【颜色平衡】命令，增加阴影部分的红色，设置【阴影红色平衡】为"46"；增加中间调部分的红色，设置【中间调红色平衡】为"16"；降低中间调部分的蓝色，设置【中间调蓝色平衡】为"-12"；降低高光部分的蓝色，设置【高光蓝色平衡】为"-47"，如图6-24所示，得到效果如图6-25所示。

图6-23   图6-24

选中调整层，执行菜单栏中的【效果】→【颜色校正】→【色相/饱和度】命令，设置【主饱和度】为"-40"，降低画面的饱和度，使画面有一种经历战火的苍凉感，效果如图6-26所示。

图 6-25

图 6-26

6.3　边学边做：壁挂电视

壁挂电视

知识与技能

本例主要学习四点跟踪的技术。通过为挂在墙壁上的电视机合成一段视频，产生在电视机中播放视频的效果。这需要在后期处理时通过跟踪技术将视频贴合到电视机屏幕的位置，由于这里需要处理视频的透视关系，就需要用到下面介绍的四点跟踪技术。

6.3.1　四点跟踪

操作步骤

（1）新建项目，将"tv-[000-203].jpg"序列和"花丛蝴蝶.avi"导入到【项目】窗口中，如图 6-27 所示。

（2）重新解释导入的"tv-[000-203].jpg"序列的帧速率。在【项目】窗口中选择"tv-[000-203].jpg"序列，执行右键快捷菜单中的【解释素材】→【主要】命令，在弹出的对话框中设置帧速率为"30"帧/秒，如图 6-28 所示。

图 6-27

图 6-28

（3）本例的画面大小与"tv-[000-203].jpg"相同，可以以"tv.jpg"的参数建立新合成，将"tv.jpg"拖到【项目】窗口底部的【新建合成】按钮上，创建一个新的合成。

在【项目】窗口中选择"tv"合成，执行菜单栏中的【合成】→【合成设置】命令，打开对话框，设置合成的 Duration【持续时间】为"0:00:06:00"，使合成时间长度与"花丛蝴蝶.avi"时间长度一致。

（4）在【时间轴】窗口中选择"tv-[000-203].jpg"图层，执行菜单栏中的【动画】→【跟踪运动】命令，打开【跟踪器】窗口，单击【跟踪运动】按钮，创建跟踪点，同时可以看到"tv-[000-203].jpg"在 Layer【图层】窗口中被打开，显示出单点跟踪的采样框。

（5）在【跟踪器】窗口中设置【运动源】为"tv-[000-203].jpg"，在本例中需要跟踪电视机的四个角点，因此设置【跟踪类型】为"透视边角定位"，显示为四个采样框，如图 6-29 所示。

（6）设置根据何种差异进行跟踪。单击【跟踪器】窗口中的【选项】按钮，弹出【动态跟踪器选项】对话框，如图 6-30 所示。

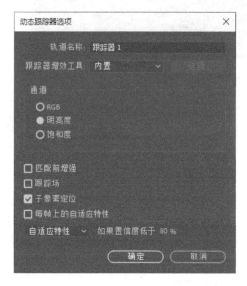

图 6-29　　　　　　　　　　　　　　　　　　图 6-30

在【通道】区域可以设置根据"RGB""明亮度""饱和度"进行跟踪。在本例中要跟踪的是电视机四个角点的黑色部分，很明显与周围存在的是亮度上的差异，因此选择"明亮度"选项。

（7）在【图层】窗口中调整跟踪点的位置及采样框的大小，把采样框移动到电视机的四个角点处，如图 6-31 所示。

（8）在【时间轴】窗口中把当前时间设置为"00:00:00:00"，单击【向前分析】按钮，这时会自动向前播放，同时记录跟踪点的关键帧路径。如果在跟踪过程中出现采样框脱离跟踪点的情况，暂停跟踪，在脱离处调整采样框的位置和大小，并且从脱离处再开始跟踪，直到跟踪正确为止，如图 6-32 所示。

图 6-31　　　　　　　　　　　　　　　　　　图 6-32

（9）完成跟踪后，需要把跟踪数据赋予目标层。首先从【项目】窗口中把"花丛蝴蝶.avi"拖到【时间轴】窗口中的"tv-[000-203].jpg"图层的上面，然后选中"tv-[000-203].jpg"图层，单击【跟踪器】窗口中的【编辑目标】按钮，在弹出的【运动目标】对话框中选择"图层"选项，并选中"花丛蝴蝶.avi"图层，如图 6-33 所示。

图 6-33

单击【跟踪器】窗口中的【应用】按钮，将得到的跟踪数据赋予"花丛蝴蝶.avi"图层。

6.3.2　边缘融合

操作步骤

（1）融合跟踪后的图像边缘。在【时间轴】窗口中选择"花丛蝴蝶.avi"图层，执行菜单栏中的【效果】→【模糊和锐化】→【通道模糊】命令，设置【Alpha 模糊度】的值为"10"，效果如图 6-34 所示。

（2）添加【通道模糊】后，模糊效果有点问题，需要在【效果控件】窗口中调整【通道模糊】和【边角定位】的先后次序，如图 6-35 所示。

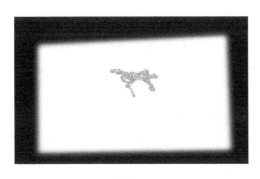

图 6-34

图 6-35

（3）为电视机添加镜面高光。在【时间轴】窗口中复制"花丛蝴蝶.avi"和"tv-[000-203].jpg"图层，调整图层顺序如图 6-36 所示。

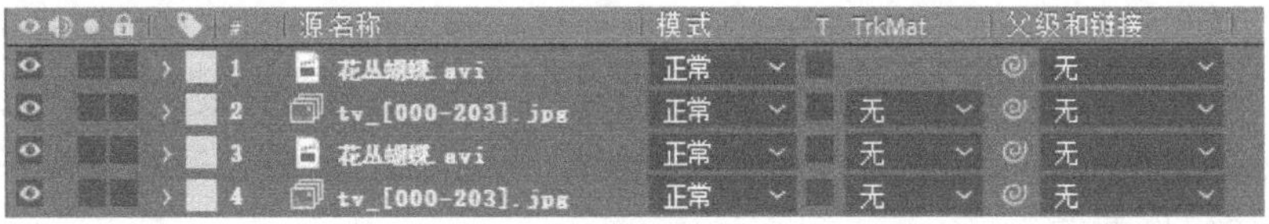

图 6-36

（4）对复制的图层进行重命名操作。将第 1 个图层"花丛蝴蝶.avi"图层重命名为"选区"，第 2 个图层"tv-[000-203].jpg"图层重命名为"高光"，如图 6-37 所示。

（5）在【时间轴】窗口中单击"高光"图层右边的【TrkMat】轨道蒙版栏中的下拉按钮，在弹出的下拉列表中选择"Alpha 遮罩'选区'"。

◎◎◎🔒	◆	#	图层名称	模式	T	TrkMat	父级和链接
◎		> 1	🗂 选区	正常 ∨			◎ 无 ∨
◎		> 2	🗂 高光	正常 ∨		无 ∨	◎ 无 ∨
◎		> 3	🗂 [花丛蝴蝶.avi]	正常 ∨		无 ∨	◎ 无 ∨
◎		> 4	🗂 [tv_[000-203].jpg]	正常 ∨		无 ∨	◎ 无 ∨

图 6-37

Alpha 遮罩就是把上层的透明信息作为本层的显示部分，上层的 Alpha 信息如果是白色的，本层对应位置就显示；上层的 Alpha 信息如果是黑色的，本层对应位置就不显示；上层的 Alpha 信息如果是灰色的，本层对应位置就有半透明效果。

（6）在【时间轴】窗口中单击"高光"图层右侧的图层混合【模式】栏中的下拉按钮，在弹出的下拉列表中选择"线性减淡"选项，如图 6-38 所示，得到效果图 6-39 所示。

图 6-38   图 6-39

6.4   典型应用：玩转相框

➡ **知识与技能**

本例主要学习使用 Mocha 进行平面跟踪的技术。

6.4.1   Mocha 相框跟踪

➡ **操作步骤**

（1）本例用到 After Effects 的一个脚本 MochaImportPlus。在安装脚本以前，先确保 After Effects 软件未运行，如果 After Effects 软件正在运行，请先关闭 After Effects 软件后再进行后面的操作。把"MochaImportPlus.jsxbin"文件复制到 After Effects 的"ScriptUI Panels"文件夹中，完整路径为"C:\Program Files\Adobe\Adobe After Effects 2020\Support Files\Scripts\ScriptUI Panels"。这个路径视各人在安装 After Effects 时选择的安装路径可能会有所不同，这里仅作参考。

复制完成后，运行 After Effects 软件，执行菜单栏中的【编辑】→【首选项】→【脚本和表达式】命令，在弹出的对话框中勾选"允许脚本写入文件和访问网络"选项。

（2）新建项目，导入素材"plate.mp4"到【项目】窗口中。本例的画面大小与"plate.mp4"相同，可以以"plate.mp4"的参数创建新合成，将"plate.mp4"拖到【项目】窗口底部的【新建合成】按钮上，创建一个新的合成。

（3）在【时间轴】窗口中选择"plate.mp4"图层，执行菜单栏中的【窗口】→
【MochaImportPlus.jsxbin】命令，打开脚本窗口，如图 6-40 所示。

在【track】跟踪按钮右侧的下拉列表中选择"Mocha AE(plugin)"后，单击【track】跟踪按钮，为"plate.mp4"图层添加【Mocha AE】。

在【效果控件】窗口单击【Launch Mocha AE】下面的图标，启动 Mocha。

图 6-40

（4）我们把"247"帧作为拍照开始画面，拍照开始后，相框内的人像要一直跟随相框一起移动，直到 400 帧相框移到画面外。这里需要对相框做跟踪处理，把当前时间设置为"247"帧，使用工具栏中的【Create X-Spline Layer Tool】（创建 X 样条线到图层工具）在相框的外框创建 X 样条线，单击鼠标右键结束绘制，并把四个角点拉直，如图 6-41 所示。

这里只需要跟踪相框，不需要跟踪相框内的人，使用工具栏中的【Add X-Spline to Layer】（添加 X 样条线到图层工具）在相框的内框添加 X 样条线，把人排除出跟踪范围，如图 6-42 所示。

图 6-41

图 6-42

绘制完成后，在【Layers】图层窗口中，生成一个新的图层"Layer1"，双击图层名，将其重命名为"Track 1"，如图 6-43 所示。

（5）设置跟踪参数。由于相框在运动过程中有透视效果，在【Essentials】基础窗口选中【Persp】透视选项，如图 6-44 所示。

图 6-43

图 6-44

（6）我们从"247"帧开始跟踪相框，到"400"帧的时候相框移出画面，这里需要设置跟踪的范围。把当前帧设置为"247"，在【Layer Properties】图层属性窗口中单击【[】把当前帧"247"帧设置为入点；把当前帧设置为"400"帧，在【Layer Properties】图层属性窗口中单击【]】把当前帧"400"帧设置为出点，如图 6-45 所示。

（7）把当前帧设为"247"，在工具栏中单击【Show Planar Surface】显示平面按钮，这个平面是我们最终需要的跟踪范围，把平面的四个角点移到相框的内框处，如图 6-46 所示。

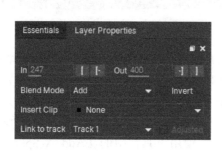

图 6-45

图 6-46

单击【Essentials】窗口中的【Track Forwards】向前跟踪按钮，进行向前跟踪操作，自动跟踪完成后，查看 247～400 帧的画面，如果平面的角点偏离内框，手工调整内外框 X 样条线的角点，会自动记录关键帧。

（8）单击工具栏中的【Save the project】按钮保存项目，关闭【Mocha AE Plugin】窗口。

6.4.2 导入跟踪数据

操作步骤

（1）返回到 After Effects 中，在【时间轴】窗口中选择"Plate.mp4"图层，按【Ctrl+D】组合键复制一份，把上面的图层重命名为"photo"，把"photo"图层的入点设为"247"帧，即"0:00:09:22"；把出点设为"400"帧，即"0:00:16:00"。把当前时间设置为"247"帧，执行菜单栏中的【图层】→【时间】→【冻结帧】命令，这样"photo"图层在 247～400 帧，都是"247"帧的画面，也就是我们拍照的画面，如图 6-47 所示。

图 6-47

（2）使用工具栏中的【钢笔工具】，在"photo"图层上绘制比内框稍大的蒙版，并且设置【蒙版羽化】值为"20.0"，把拍摄的人像抠出来，如图 6-48 所示。

（3）在【时间轴】窗口中选择"photo"图层，在【效果控件】窗口中单击【Create Track Data】按钮创建跟踪数据，在弹出的【Layers】对话框中选择"Track1"图层。

（4）在【MochaImportPlus】窗口中，在【load】按钮右侧的下拉列表选择"from mocha effect"后，单击【load】按钮载入跟踪数据。

在【apply】右侧的下拉列表中选择"coner pin"后，单击【apply】按钮应用，在弹出的对话框中勾选"live expression instead of keyframes""keep current frame""motion blur（via layer transform）"选项，如图 6-49 所示。

（5）在【预览】窗口中单击播放按钮，可以看到拍摄的照片可以跟随相框一起移到了，如图 6-50 所示。

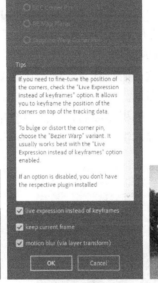

图 6-48　　　　　　　　图 6-49　　　　　　　　图 6-50

6.5　典型应用：恶魔岛

知识与技能

本例主要学习使用 3D Camera Tracker 进行摄像机跟踪的技术。

After Effects 从 CS6 开始的版本中提供了一个 3D 摄像机跟踪器，可以对实拍素材进行分析计算，得到一个虚拟的摄像机。

6.5.1　3D Camera Tracker 跟踪

操作步骤

（1）新建项目，在【项目】窗口的空白处双击鼠标，在弹出的【导入文件】对话框中选择"Alcatraz.png"序列文件的第 1 个文件，勾选【序列选项】下面的"PNG 序列"选项，

单击【导入】按钮，把序列文件导入到【项目】窗口中，其帧速率默认为"30"，如图 6-51
所示。

名称	媒体持续_	类型
Alcatra...385].png	0:00:12:26	PNG 序列

图 6-51

（2）本例的画面大小与"Alcatraz.png"相同，可以以"Alcatraz.png"的参数创建新合
成，把"Alcatraz.png"拖到【项目】窗口底部的【新建合成】按钮上，建立一个画面与它
同样大小的合成。

剪辑掉"Alcatraz.png"序列的开始一段画面。在【时间轴】窗口中把【工作区域开头】
设置为 0:00:01:26，执行菜单栏中的【合成】→【将合成裁剪到工作区】命令。

（3）选中【时间轴】窗口中的"Alcatraz.png"图层，执行菜单栏中的【窗口】→【跟
踪器】命令，打开【跟踪器】窗口，单击【跟踪摄像机】按钮，会自动为选中图层添加一
个 3D 摄像机跟踪器，同时自动开始分析计算。

3D 摄像机跟踪器的解析分成两步。

第一步是后台分析阶段，这一阶段计算时间会比较长，当然可以做其他操作，但是为
了不影响计算速度，一般等待即可。

第二步是解析摄像机阶段，解析完成后，画面中会出现很多彩色的跟踪点，如图 6-52
所示。在这些跟踪点上单击鼠标右键，弹出如图 6-53 所示的右键快捷菜单。

创建文本和摄像机
创建实底和摄像机
创建空白和摄像机
创建阴影捕手、摄像机和光
创建 4 文本图层和摄像机
创建 4 实底和摄像机
创建 4 个空白和摄像机
设置地平面和原点
删除选定的点

图 6-52　　　　　　　　　图 6-53

- 【创建文本和摄像机】菜单命令：当鼠标经过一些跟踪点的时候，会出现一个靶子图
  形，这个靶子就代表了文字层的位置和方向。一般选择多个在同一平面的跟踪点后，
  执行该项命令创建一个文本图层和一个摄像机图层，文本图层就在当前选择的跟踪
  点位置，如图 6-54 所示。
- 【创建实底和摄像机】菜单命令：当鼠标经过一些跟踪点的时候，会出现一个靶子图
  形，这个靶子就代表了纯色图层的位置和方向。一般选择多个在同一平面的跟踪点
  后，执行该项命令创建纯色图层和摄像机图层，如图 6-55 所示。
- 【创建空白和摄像机】菜单命令：执行该项命令后，会创建一个空对象图层和一个摄
  像机图层。
- 【创建阴影捕手、摄像机和光】菜单命令：执行该项命令后，会创建一个纯色图层、
  摄像机图层和灯光图层。纯色图层本身并不显示，它只接受投影，当另外创建一个
  文本图层后，该文本图层就会在纯色图层上投射阴影。

图 6-54

图 6-55

（4）选择【时间轴】窗口中的"Alcatraz.png"图层，在【效果控件】窗口中，设置【跟踪点大小】为"45%"，把跟踪点调小一些，便于选择。把当前时间移到最后一帧，按住【Ctrl】键，选择中间大楼上的一些跟踪点，如图 6-56 所示。执行右键快捷菜单中的【创建文本和摄像机】命令，创建一个文本图层和一个摄像机图层。

图 6-56

6.5.2　后期合成

操作步骤

（1）在【时间轴】窗口中展开文本图层的【变换】属性，调整文本图层的位置、角度及大小，设置【位置】为"2503.0,-1995.7,2800.0"，【方向】为"14.0,8.0,359.5"，【缩放】为"150.0,150.0,150.0%"。图层的位置、角度及大小要根据具体情况设置，这里的数值仅供参考。使用工具栏中的【横排文字工具】，修改文字为"恶魔岛 1963 年 3 月 21 日关闭"，如图 6-57 所示。

（2）为了使文字在场景中显得更加真实自然，需要为文字制作在水中的倒影效果。在【时间轴】窗口中选择文本图层，按【Ctrl+D】组合键复制一份，并重命名为"Reflection"。

选择"Reflection"图层，执行菜单栏中的【图层】→【变换】→【垂直翻转】命令，使"Reflection"图层在垂直方向进行翻转，展开"Reflection"图层的【变换】属性，调整图层的 Y 坐标，如图 6-58 所示。

（3）在【时间轴】窗口中选择"Reflection"图层，执行菜单栏中的【效果】→【模糊和锐化】→【定向模糊】命令，在【效果控件】窗口中设置【方向】为"2"，【模糊长度】为"50"，如图 6-59 所示。

图 6-57

图 6-58

（4）在【时间轴】窗口中选择"Alcatraz.png"图层，按【Ctrl+D】组合键复制一份，并重命名为"Ripple"，把它移到合成的顶部。选择该图层，在【效果控件】窗口中删除"3D 摄像机跟踪器"。

执行菜单栏中的【效果】→【颜色校正】→【亮度和对比度】命令，在【效果控件】窗口中设置【亮度】为"77"，【对比度】为"-6"，调整画面的亮度和对比度。

执行菜单栏中的【效果】→【风格化】→【CC Threshold】命令，调整画面的黑白区域，需要设置【Threshold】阈值的关键帧。把当前时间设置为 0:00:12:25，在【效果控件】窗口单击【Threshold】左侧的码表，创建一个关键帧，设置值为"55"，效果如图 6-60 所示。

图 6-59

图 6-60

调整当前时间，继续添加【Threshold】的关键帧，使文字倒影所在的位置出现颗粒状的噪点。

执行菜单栏中的【效果】→【模糊和锐化】→【高斯模糊】命令，在【效果控件】窗口中设置【模糊度】为"1.1"。

在【时间轴】窗口中选择"Reflection"图层，在【TrkMat】栏中选择"亮度遮罩"Ripple""，设置"Reflection"图层的亮度遮罩为"Ripple"图层，如图 6-61 和图 6-62 所示。

◎ ● ● 🔒	◆	#	图层名称	模式		T	TrkMat		父级和链接	
	>	1	🖻 ⊡ Ripple	正常	∨				◎ 无	∨
◉	>	2	T 🖻 Reflection	正常	∨		亮度	∨	◎ 无	∨
◉	>	3	T 恶魔岛 196...21日关闭	正常	∨		无	∨	◎ 无	∨
◉	>	4	📷 3D 跟踪器摄像机	正常	∨				◎ 无	∨
◉	>	5	🖻 [Alcatr...-385].png]	正常	∨		无	∨	◎ 无	∨

图 6-61

（5）最后参考其他建筑在水面上的倒影，对"Reflection"图层的不透明度进行适当调整，展开"Reflection"图层的【变换】属性，为【不透明度】制作关键帧。

图 6-62

第7章

三维合成

本章学习目标

◆ 了解二维图层转换为三维图层的方法。

◆ 了解 After Effects 中三维图层的特点。

◆ 掌握灯光的创建及不同类型灯光的参数设置。

◆ 掌握摄像机的创建及参数设置。

◆ 掌握三维图层、灯光、摄像机的使用方法。

After Effects 是一个合成与特效软件，可以完成二维和三维合成效果。三维模块是 After Effects 中的一个非常重要的模块，After Effects 中的三维模块并不能像三维软件（如 3DS Max、Maya 等）一样创建真实的三维立体空间，提供真实的反射与折射及光影效果。After Effects 的强项在于调色、抠像、制作特效等合成效果，它提供的三维模块的是一种伪三维的合成模块。

7.1　三维图层

三维图层

在项目中新建一个合成，在合成中新建一个纯色图层，单击图层右侧的"3D 图层"图标，把该图层转化成三维图层，如图 7-1 所示。

图 7-1

把三维图层与二维图层之间的参数进行对比，可以看到三维图层的【锚点】【位置】【缩放】【旋转】中多了一个 Z 轴坐标，该值代表深度，也就是图层离摄像机的远近程度。三维图层的属性中增加了一个【方向】参数，【方向】与【旋转】类似，【方向】主要用于调整图层的方向角度，其数值范围在 0°～360°，超过这个范围的数值会自动转换成范围内的数值。一般不对【方向】属性设置动画，旋转动画通常通过对【旋转】设置关键帧来完成。

三维图层属性中增加了一个【材质选项】属性，主要用于图层受灯光照射时，相应的阴影与材质的设置，如图 7-2 所示。

【材质选项】的参数如下所述。

• 投影：表示该图层是否投射阴影。

• 透光率：表示光线穿透图层的程度。

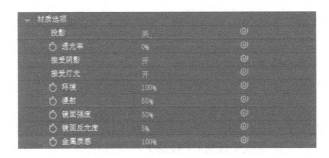

图 7-2

- 接受阴影：表示图层是否接受阴影，也就是其他图层是否能在该图层上产生阴影。
- 接受灯光：表示图层是否接受灯光，也就是图层是否受灯光的照射。
- 环境：表示环境光对图层的影响程度。
- 漫射：表示图层上灯光的漫反射程度。
- 镜面强度：表示图层上反射高光的强度。
- 镜面反光度：表示图层上的高光范围的大小，当数值为 100% 时，反光范围最小；当数值为 0% 时，反光范围最大。
- 金属质感：表示图层高光的颜色。当数值为 100% 时为图层的颜色，当数值为 0% 时为光源的颜色。

7.2 灯光的使用

灯光的使用

7.2.1 灯光的创建及参数设置

执行菜单栏中的【图层】→【新建】→【灯光】命令，弹出【灯光设置】对话框，如图 7-3 所示。

【灯光设置】对话框中的参数说明如下。

- 名称：设置灯光的名称。
- 灯光类型：灯光类型有 4 种，分别为"平行""聚光""点""环境"。"平行"指从无限远的光源处发出无约束的定向光，接近来自太阳等光源的光线。"聚光"指从受锥形物约束的光源（例如聚光灯）发出的光线。"点"指发出无约束的全向光，例如来自电灯泡的光线。"环境"指创建没有光源，但有助于提高场景的总体亮度且不投影的光照。
- 颜色：光照的颜色。
- 强度：光照的亮度。
- 锥形角度：光源周围锥形的角度，用于确定远处光束的宽度。
- 锥形羽化：聚光光照的边缘柔化。

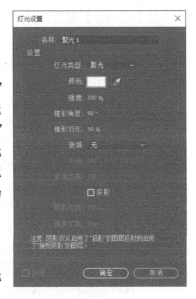

图 7-3

- 衰减：光的强度如何随距离的增加而变小。"无"表示光的亮度不减弱。"平滑"表示以"衰减开始"参数值为半径开始，并扩展由"衰减距离"指定的长度的平滑线性衰减。"反向平方限制"表示以"衰减开始"参数值为半径开始，并按比例减少到距离的反向平方的物理上准确的衰减。

- 半径：指定光照衰减的半径。在此距离内，光照是不变的；在此距离外，光照衰减。
- 衰减距离：指定光照衰减的距离。
- 投影：指定光源是否导致图层投影。【接受阴影】材质选项必须为"打开"，图层才能接收阴影，该设置是默认设置；【投影】材质选项必须为"打开"，图层才能投影，该设置不是默认设置。
- 阴影深度：设置阴影的深度。仅当选择了【投影】时，此控制才处于活动状态。
- 阴影扩散：根据阴影与阴影图层之间的视距，设置阴影的柔和度。较大的值，创建较柔和的阴影。仅当选择了【投影】时，此控制才处于活动状态。

7.2.2 边学边做：阴影

阴影

➡ **知识与技能**

本例主要学习使用灯光及三维图层创建阴影的方法。

➡ **操作步骤**

（1）新建项目，将素材"riverside.jpg"导入到【项目】窗口中，本例的画面大小与"riverside.jpg"相同，可以以"riverside.jpg"的参数创建新合成，将"riverside.jpg"拖到【项目】窗口底部的【新建合成】按钮上，创建一个新的合成。

（2）执行菜单栏中的【图层】→【新建】→【纯色】命令，在弹出的对话框中创建一个【名称】为"BG"的白色纯色图层，设置【宽度】为"600"，【高度】为"600"，【像素长宽比】为"方形像素"，如图7-4所示。

在【时间轴】窗口中开启"BG"图层的"3D图层"开关，把它转换成三维图层，调整【方向】的X坐标为"271.5"，使它与地面大致平行。为了便于观察白色纯色图层是否与地面平行，执行菜单栏中的【效果】→【生成】→【网格】命令，为"BG"图层添加网格。

（3）执行菜单栏中的【图层】→【新建】→【摄像机】命令，创建一个【预设】为"24毫米"的摄像机，使用工具栏中的【统一摄像机工具】调整摄像机的角度，设置【目标点】为"309.2,193.9,2.7"，【位置】为"240.7,250.8,-541.0"，【方向】为"0.0,4.0,2.0"。对"BG"图层进行缩放和位置调整，设置【缩放】为"155.0,155.0,155.0"，【位置】为"437.9,356.7,396.0"，这样就为阴影创建了一个地面，效果如图7-5所示。

（4）在【效果控件】窗口中关闭"BG"图层上的"网络"效果，使用工具栏中的【横排文字工具】，输入文字"AFTER EFFECTS"，在【时间轴】窗口中开启文本图层的"3D图层"开关，把它转换成三维图层，在【合成】窗口把视图切换到【左】视图，调整文本图层使它正好位于地面上，设置其【位置】为"208.0,358.9,125.0"。

（5）执行菜单栏中的【图层】→【新建】→【灯光】命令，设置【灯光类型】为"点"，创建一个点光源，设置【强度】为"75%"，【颜色】为淡黄色，RGB值为"249,238,164"，勾选"投影"选项，如图7-6所示。

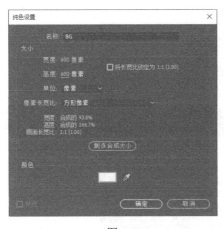

图 7-4

图 7-5

（6）现在要为文本添加阴影，在【时间轴】窗口中展开文本图层的【材质选项】，设置【投影】为"开"，使文本图层能投射阴影；设置【接受灯光】为"关"，使文本图层不受灯光影响。

展开"BG"图层的【材质选项】，设置【接受灯光】为"关"，使地面不受灯光影响；设置"BG"图层的混合模式为"相乘"，过滤掉纯色图层的白色，只留下阴影。

现在文本图层的阴影看起来比较生硬，展开灯光图层的【灯光选项】，设置【阴影扩散】为"80"，这样阴影会比较柔和，效果如图 7-7 所示。

图 7-6

图 7-7

7.3 摄像机的使用

7.3.1 摄像机的创建及参数设置

执行菜单栏中的【图层】→【新建】→【摄像机】命令，弹出【摄像机设置】对话框，如图 7-8 所示。

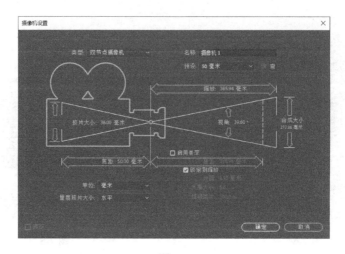

图 7-8

【摄像机设置】对话框中的参数说明如下。

• 名称：设置摄像机的名称。

• 预设：设置要使用的摄像机的类型，根据焦距命名预设。预设下拉列表中提供了从 15mm 到 200mm 的镜头预设，其中 50mm 的镜头焦距是标准镜头，一般指人的眼睛所能看到的画面透视感。小于 50mm 的镜头焦距称为广角镜头。广角镜头的视野比较宽广，透视效果比较明显，焦距越小，透视越明显，景深越大，一般用于拍摄近距离大范围的景物。大于 50mm 的镜头焦距称为长焦镜头。长焦镜头的视野范围较窄，透视效果不明显，焦距越大，透视越不明显，景深越小，一般用于拍摄远处的景物。

• 视角：在图像中捕获的场景的宽度。通过设置【焦距】【胶片大小】【变焦】的值确定视角。较广的视角创建与广角镜头相同的结果。

• 缩放：从镜头到图像平面的距离。

• 胶片大小：胶片的曝光区域的大小，它直接与合成大小相关。在修改胶片大小时，"变焦"值会更改以匹配真实摄像机的透视性。

• 焦距：从胶片平面到摄像机镜头的距离。在 After Effects 中，摄像机的位置表示镜头的中心。

• 焦点距离：从摄像机到平面的完全聚焦的距离。

• 光圈：镜头孔径的大小。【光圈】的设置也影响景深，增加光圈会增加景深模糊度。

• 景深：图像在其中聚焦的距离范围，位于距离范围之外的图像将变得模糊。影响景深的三个属性是焦距、光圈和焦点距离。

• F-Stop：表示焦距与光圈的比例。大多数摄像机使用 F-Stop 测量指定光圈大小。
模糊层次：图像中景深模糊的程度。

• 单位：表示摄像机设置值所采用的测量单位。

• 量度胶片大小：用于描绘胶片大小的尺寸。

7.3.2 摄像机工具

摄像机的操作一般使用工具栏中的以下几个工具。

- 统一摄像机工具：选择该摄像机工具时，可以通过一个三键的鼠标快速切换摄像机工具。按住鼠标左键拖动，以【轨道摄像机工具】方式旋转摄像机视图；按住鼠标中键拖动，以【跟踪 XY 摄像机工具】方式平移摄像机视图；按住鼠标右键拖动，以【跟踪 Z 摄像机工具】方式缩放摄像机视图。
- 轨道摄像机工具：通过围绕目标点移动来旋转 3D 视图或摄像机。
- 跟踪 XY 摄像机工具：水平或垂直调整 3D 视图或摄像机。
- 跟踪 Z 摄像机工具：沿直线将 3D 视图或摄像机调整到目标点。

7.3.3　边学边做：穿越云端

知识与技能

本例主要学习使用三维图层、摄像机制作摄像机动画的方法。

操作步骤

（1）新建项目，把素材"云 01.jpg"～"云 07.jpg"分别导入到【项目】窗口中，如图 7-9 所示。

（2）执行菜单栏中的【合成】→【新建合成】命令，在弹出的对话框中，设置【合成名称】为"云 01"，【预设】为"PAL D1/DV 方形像素"，【持续时间】为"0:00:10:00"，【背景颜色】为黑色。

（3）把素材"云 01.jpg"从【项目】窗口中拖到【时间轴】窗口的"云 01"合成中。执行菜单栏中的【图层】→【新建】→【纯色】命令，新建一个白色纯色图层，把它放置到"云 01.jpg"图层的下面，设置白色纯色图层的"亮度反转遮罩"为"云 01.jpg"。"亮度反转遮罩"是把"云 01.jpg"图层的亮度作为白色纯色图层的遮罩。"云 01.jpg"图层白色的地方表示下面白色纯色图层对应的位置没有选中，黑色的地方表示下面白色纯色图层对应的位置完全选中，而灰色的地方表示下面白色纯色图层对应的位置部分选中，这样就能把云周围的白色背景去掉，效果如图 7-10 所示。

图 7-9　　　　　　　　　　　　　　　　图 7-10

（4）执行菜单栏中的【图层】→【新建】→【调整图层】命令，新建一个调整图层，把它放置到"云 01.jpg"图层的上面。

选中调整图层，执行菜单栏中的【效果】→【颜色校正】→【色光】命令，在【效果控件】窗口中展开【输入相位】，设置【获取相位，自】为"Alpha"。展开【输出循环】，把红色色标重新设置为"白色"，并设置它的透明度为"0%"；把紫色色标靠近白色色标，重新设置颜色为"白色"，这样就可以把云层效果提亮，如图 7-11 和图 7-12 所示。

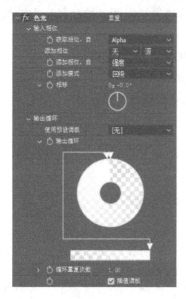

图 7-11　　　　　　　　　　　　　　　　　　图 7-12

（5）现在得到的是静态云的效果，下面要制作动态云的效果。选中调整层，执行菜单栏中的【效果】→【扭曲】→【湍流置换】命令，在【效果控件】窗口中设置它的参数【大小】为"20"。按住【Alt】键单击【演化】左侧的码表，为它添加表达式，输入"time*100"，这样云的动态效果就出来了。

（6）执行菜单栏中的【合成】→【新建合成】命令，在弹出的对话框中，设置【合成名称】为"云 02"，【预设】为"PAL D1/DV 方形像素"，【持续时间】为"0:00:10:00"，【背景颜色】为黑色。

（7）把素材"云 02.jpg"从【项目】窗口中拖到【时间轴】窗口的"云 02"合成中，适当调整该图层的大小。

执行菜单栏中的【图层】→【新建】→【纯色】命令，新建一个白色纯色图层，把它放置到"云 02.jpg"图层的下面，设置白色纯色图层的"亮度反转遮罩"为"云 02.jpg"。

再把合成"云 01"中的调整图层复制粘贴到合成"云 02"中，这样"云 02"的动态效果也完成了。

（8）重复步骤（6）和（7）的操作完成其他云的效果。

（9）执行菜单栏中的【合成→新建合成】命令，在弹出的对话框中，设置【合成名称】为"final"，【预设】为"PAL D1/DV 方形像素"，【持续时间】为"0:00:10:00"，【背景颜色】为黑色。

（10）执行菜单栏中的【图层】→【新建】→【纯色】命令，新建一个蓝色纯色图层，将其重命名为"背景"。

从【项目】窗口中选择前面完成的"云 01"～"云 07"中的几个合成，拖到"final"合成中，适当调整位置、大小及透明度，开启这几个云图层的"3D 图层"开关，把它们转换为三维图层。搭建的场景如图 7-13 所示。

图 7-13

（11）执行菜单栏中的【图层】→【新建】→【摄像机】命令，在弹出的对话框中的【预设】下拉列表中选择"50 毫米"，创建一个摄像机。再执行菜单栏中的【图层】→【新建】→【空对象】命令，创建一个空对象，把空对象也转换为 3D 图层，设置摄像机的父对象为空对象，这样可以由空对象带动摄像机运动。

（12）在【时间轴】窗口中为空对象设置【位置】关键帧，产生摄像机推拉效果。在 0:00:02:00 处，单击空对象的【位置】属性左侧的码表，创建一个关键帧，设置【位置】值为"394.0,288.0,-4076.0"；在 0:00:00:00 处，调整它的 Z 轴坐标，使它远离云层，创建一个关键帧，设置【位置】值为"394.0,288.0, 17.0"，如图 7-14 和图 7-15 所示。

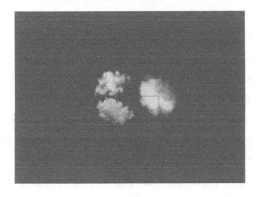

图 7-14

（13）调整几个云图层的 Z 轴坐标，使它们有一定的纵深感，更富立体感。回到 0:00:00:00 处，感觉画面不够充实，再从【项目】窗口拖动一些云层到【时间轴】窗口，适当调整大小和位置，转换为 3D 图层后，调整 Z 轴坐标，如图 7-16 和图 7-17 所示。

（14）制作摄像机的旋转效果。在 0:00:02:00 处，单击空对象的【Z 轴旋转】属性左侧的码表，创建一个关键帧；在 0:00:00:00 处，设置【Z 轴旋转】属性值为"-50°"，这样就有一种在云间穿梭的感觉了。

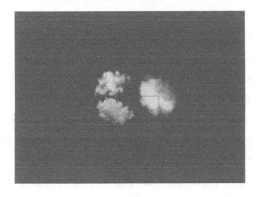

图 7-15

图 7-16

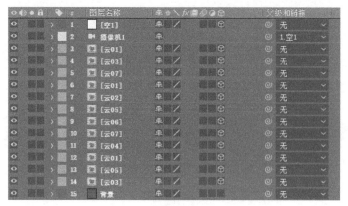

图 7-17

7.4 综合实例

7.4.1 典型应用：水中倒影

➡ 知识与技能

本例主要学习使用三维图层、摄像机制作水中倒影的方法。

➡ 操作步骤

（1）新建项目，将素材"photo.jpg"导入到【项目】窗口中。执行菜单栏中的【合成】→【新建合成】命令，在弹出的对话框中，设置【合成名称】为"3D Reflection"，【预设】为"PAL D1/DV"，【持续时间】为"0:00:10:00"。

（2）执行菜单栏中的【图层】→【新建】→【纯色】命令，新建一个名为"background"的纯色图层，设置【宽度】为"1200"，【高度】为"1200"。

（3）在【时间轴】窗口中选择"background"图层，执行菜单栏中的【效果】→【杂色和颗粒】→【分形杂色】命令，参数保持默认值。

在【时间轴】窗口中选择"background"图层，执行菜单栏中的【效果】→【模糊和锐化】→【快速方框模糊】命令，设置【模糊半径】为"25"。

在【时间轴】窗口中打开"background"图层的"3D 图层"开关。展开"background"图层下面的参数，设置【方向】为"90.0,0.0,0.0"，使图层绕 X 轴旋转 90°；设置【位置】为"360.0,426.0,0.0"，把"background"图层旋转后放置到下方，效果如图 7-18 所示。

（4）执行菜单栏中的【图层】→【新建】→【摄像机】命令，在弹出对话框中的【预设】下拉列表中选择"35 毫米"，创建一个摄像机。

（5）把"photo.jpg"从【项目】窗口拖到【时间轴】窗口中，并转换为三维图层，展开"photo.jpg"

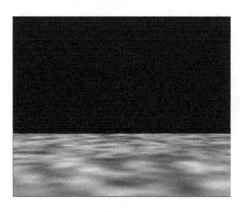

图 7-18

图层下面的参数，设置【缩放】为"40.0,40.0,40.0%"，适当缩小图片，在【合成】窗口中切换到"正面"视图，调整图层的位置，使它正好位于"background"图层的上面，如图 7-19 所示。

图 7-19

（6）制作"photo.jpg"图层的倒影。在【时间轴】窗口中选择"photo.jpg"图层，按【Ctrl+D】组合键复制一份，并重命名为"photo reflection"，设置它的【缩放】为"40.0,-40.0,40.0%"，使它在 Y 轴上翻转，移动它的 Y 坐标，使它与"photo.jpg"图层在底部对齐。把它放置到"photo.jpg"图层的下面，设置它的父对象为"photo.jpg"图层。这样，移动"photo.jpg"图层时，下面的倒影图层也会跟随移动，如图 7-20 所示。

◎ ●) ● 🔒	🏷	#	图层名称	单 ♦ ╲ fx ▦	◎ ◯ ⬡	父级和链接
◎		> 1	🎥 摄像机 1	单	◎	无
◎		> 2	🖼 [photo.jpg]	单 ╱	⬡	◎ 无
◎		> 3	🖼 photo r...tion	单 ╱ fx	⬡	◎ 2. photo.jpg
◎		> 4	🖼 [background]	单 ╱ fx	⬡	◎ 无

图 7-20

（7）在【合成】窗口切换到"活动摄像机"视图，这时会发现一个问题，倒影层被背景层遮挡了。

执行菜单栏中的【图层】→【新建】→【调整图层】命令，新建一个调整图层，把它放到"photo reflection"和"background"图层的中间，再设置"photo reflection"倒影层的【不透明度】为"50%"，这样就可以看到下面的背景层了，如图 7-21 所示。

（8）选中"background"图层，执行菜单栏中的【图层】→【预合成】命令，对它进行预合成，在弹出的对话框中设置【新合

图 7-21

成名称】为"background comp"，选中"将所有属性移动到新合成"选项。

在【时间轴】窗口中选择"background comp"，开启"对于合成图层：折叠变换"，如图 7-22 所示。

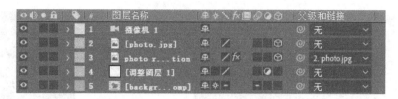

图 7-22

（9）执行菜单栏中的【图层】→【新建】→【调整图层】命令，再新建一个调整图层，把它放置在"photo.jpg"和"photo reflection"图层的中间。

在【时间轴】窗口中选择新建的调整图层，执行菜单栏中的【效果】→【扭曲】→【置换图】命令，它的作用是根据置换图的亮度信息来偏移像素。在【效果控件】窗口中设置【置换图层】为"background comp"，然后调高【最大水平置换】和【最大垂直置换】的值分别为"31"和"32"。

（10）执行菜单栏中的【图层】→【新建】→【灯光】命令，在弹出的对话框中，设置【灯光类型】为"点"，【灯光颜色】为淡蓝色，RGB 值为"148,215,246"，【强度】为"150"。

这时会出现一个问题，灯光会改变"background comp"的亮度值，会对"background comp"产生置换效果。可以打开"background comp"合成，设置"background"图层的【材质选项】下面的【接受灯光】为"关"，这样灯光就不会对"background comp"产生置换效果了，效果如图 7-23 所示。

图 7-23

（11）现在背景图层看起来有些单调，隐藏"3D Reflection"合成中的"background comp"图层，打开"background comp"合成，把它里面的"background"图层复制一份，粘贴到"3D Reflection"合成的最下面，并且设置【接受灯光】为"开"。降低"background"的【不透明度】为"65%"，把灯光位置下移靠近背景层，如图 7-24 和图 7-25 所示。

图 7-24　　　　　　　　　　　　　　　　　图 7-25

（12）选中"photo reflection"图层，执行菜单栏中的【效果】→【过渡】→【线性擦除】命令，在【效果控件】窗口中设置【过渡完成】的值为"50%"，【擦除角度】为"180"，调高【羽化】的值为"165"，使它慢慢淡出。

（13）现在为摄像机设置动画效果，为摄像机角度设置关键帧，制作一个摄像机快速移动的效果。

执行菜单栏中的【图层】→【新建】→【空对象】命令创建一个空对象，开启空对象的"3D 图层"开关，设置摄像机的父对象为空对象。

在 0:00:04:00 处，单击空对象的【位置】和【Y 轴旋转】左侧的码表，创建关键帧，设置【位置】值为"360.0,288.0,0.0"，【Y 轴旋转】值为"14.0"，效果如图 7-26 所示。

在 0:00:00:00 处，调整空对象的【位置】为"360.0,288.0,-102.0"，【Y 轴旋转】值为"-38.0"创建关键帧，效果如图 7-27 所示。

图 7-26　　　　　　　　　　　　　　　　　图 7-27

7.4.2　典型应用：立体照片

知识与技能

本例主要学习使用三维图层、摄像机制作立体照片的方法。

操作步骤

（1）新建项目，把素材"original.jpg"导入到【项目】窗口中，本例的画面大小与

"original.jpg"相同，可以以"original.jpg"的参数创建新合成，将"original.jpg"拖到项目窗口底部的【新建合成】按钮上，创建一个新的合成。

（2）根据空间纵深关系，把需要独立出来的物体从画面中抠出来，使其与背景分离。在【时间轴】窗口中选择"original.jpg"图层，按【Ctrl+D】组合键复制 4 份，并分别重新命名为"man"、"right pole"、"wall"、"left pole"和"background"，如图 7-28 所示。

◎ ◆ ● 🔒	🏷	#	图层名称	模式		T	TrkMat		父级和链接	
◎		1	🖼 man	正常	∨				◎ 无	∨
◎		2	🖼 right pole	正常	∨		无	∨	◎ 无	∨
◎		3	🖼 wall	正常	∨		无	∨	◎ 无	∨
◎		4	🖼 left pole	正常	∨		无	∨	◎ 无	∨
◎		5	🖼 background	正常	∨		无	∨	◎ 无	∨

图 7-28

（3）在【时间轴】窗口中选择"man"图层，使用工具栏中的【钢笔工具】绘制"蒙版 1"，效果如图 7-29 所示。

再使用工具栏中的【钢笔工具】对头发绘制"蒙版 2"，设置"蒙版 2"的【蒙版羽化】为"3"，对头发边缘做羽化处理，效果如图 7-30 所示。

图 7-29   图 7-30

（4）在【时间轴】窗口中选择"right pole"图层，使用工具栏中的【钢笔工具】绘制"蒙版 1"，设置"蒙版 1"的【蒙版羽化】为"2"，效果如图 7-31 所示。

（5）在【时间轴】窗口中选择"wall"图层，使用工具栏中的【钢笔工具】绘制"蒙版 1"，效果如图 7-32 所示。

图 7-31   图 7-32

（6）在【时间轴】窗口中选择"left pole"图层，使用工具栏中的【钢笔工具】绘制"蒙版 1"，设置"蒙版 1"的【蒙版羽化】为"2"，效果如图 7-33 所示。

（7）执行菜单栏中的【合成】→【帧另存为】→【Photoshop 图层】命令，把文件保存为"original.psd"。

（8）启动 Photoshop，打开"original.psd"文件，对相关图层进行处理。选中"wall"图层，锁定透明像素，使用【仿制图章工具】对树进行处理，如图 7-34 所示。

图 7-33   图 7-34

下面对"background"图层进行处理，把已经从画面中抠出来的物体在该图层中进行移除。选中"right pole"图层，执行菜单栏中的【选择】→【载入选区】命令，再选中"background"图层，执行菜单栏中的【编辑】→【填充】命令，在弹出的对话框中，单击"内容"右侧的下拉列表，选择"内容识别"选项，效果如图 7-35 所示。

使用同样的方法，载入"man""wall""left pole"选区，填充到"background"图层中，效果如图 7-36 所示。

图 7-35   图 7-36

使用工具栏中的【污点修复画笔工具】对残留的物体轮廓进行处理，效果如图 7-37 所示。处理完成后，保存文件为"scene.psd"。

（9）打开 After Effects 软件，导入前面处理过的"scene.psd"文件，在弹出的对话框中的【导入为】下拉列表中选择"合成-保持图层大小"。

（10）在项目窗口中选择"scene"合成，执行菜单栏中的【合成】→【合成设置】命令，打开【合成设置】对话框，把【预设】改为"NTSC DV"，使合成的尺寸小于原始的画面，设置【持续时间】为"0:00:05:00"，如图 7-38 所示。

（11）在 Z 轴分散各图层，伪造出空间的纵深感，在【时间轴】窗口中开启所有图层的"3D 图层"开关，把所有图层转换为 3D 图层。

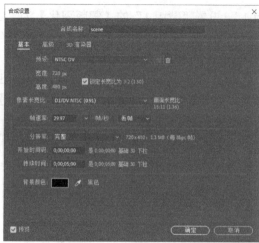

图 7-37   图 7-38

（12）执行菜单栏中的【图层】→【新建】→【摄像机】命令，新建一个摄像机，在弹出的对话框中，设置【预设】为"自定义"，【缩放】为"352.78 毫米"的广角镜头，使画面有比较明显的景深效果。

选中"摄像机 1"图层，设置【位置】的 Z 轴坐标为"-1220"，把摄像机往后拉，使画面中显示的内容更多一些。

（13）下面使各个图层在 Z 轴上有一个先后次序，伪造出 3D 效果。在【时间轴】窗口中选中"man"图层，设置【位置】为"-21.0,283.5,-75.0"；选中"right pole"图层，设置【位置】为"517.5,240.0,-75.0"；选中"wall"图层，设置【位置】为"788.0,623.5,-50.0"；选中"left pole"图层，设置【位置】为"-525.5,240.0, -50.0"；选中"background"图层，设置【位置】为"360.0,240.0,0.0"，效果如图 7-39 所示。

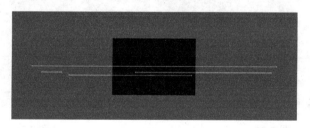

图 7-39

（14）接下来制作摄像机动画，使摄像机逐渐向画面中心推近。在 0:00:00:00 处，单击【目标点】左侧的码表，设置【目标点】为"360.0,240.0,0.0"，创建一个关键帧；单击【位置】左侧的码表，设置【位置】为"35.0,240.0,-2132.0"，创建一个关键帧。在 0:00:04:29 处，设置【目标点】为"211.0,240.0,0.0"，【位置】为"634.0,70.0,-2000.0"，选中【目标点】和【位置】的所有关键帧，在右键快捷菜单中执行【关键帧辅助】→【缓动】命令，使摄像机运动有一个缓入缓出的效果。

（15）制作人物图层动画，使人物在动画过程中自动面向摄像机。在 0:00:00:00 处，单击【位置】左侧的码表，设置【位置】为"-21.0,283.5,-75.0"；在 0:00:04:29 处，设置【位置】为"30.0,300.0,-300.0"。选中这两个关键帧，在右键快捷菜单中执行【关键帧辅助】→

【缓动】命令，使人物运动有一个缓入缓出的效果。

（16）添加一个调整图层，调色后使人物与后面的场景有所区别。执行菜单栏中的【图层】→【新建】→【调整图层】命令，新建一个调整图层，并把它移到"man"图层的下面，这样再对调整图层进行调色，只会影响调整图层下面的场景图层，而不会影响到"man"图层。

选中"调整图层 1"图层，执行菜单栏中【效果】→【颜色校正】→【色调】命令，在【效果控件】窗口中为【着色数量】设置关键帧，在 0:00:00:00 处，设置它的值为"0"；在 0:00:04:29 处，设置它的值为"100"。选择该关键帧，在右键快捷菜单中执行【关键帧辅助】→【缓动】命令。这样人物后面的场景就会有一个向黑白片过渡的效果，如图 7-40 所示。

图 7-40

7.4.3 典型应用：蝶恋花

知识与技能

本例主要学习使用三维图层、摄像机制作蝴蝶停落于花朵上的效果。

操作步骤

（1）新建项目，导入素材"蝴蝶.psd"文件到【项目】窗口中，导入素材时，在【导入为】下拉列表中选择"合成-保持图层大小"选项，把素材导入为合成，并保留图层的原始大小。

（2）选择【项目】窗口中的"蝴蝶"合成，执行菜单栏中的【合成】→【合成设置】命令，在弹出的对话框中设置【合成名称】为"蝶恋花"，【预设】为"PAL D1/DV"，【持续时间】为"0:00:05:00"。

（3）在【时间轴】窗口中打开"蝶恋花"合成，单击"翅膀""身体""花朵""背景"4 个图层的"3D 图层"按钮，把它们转化为三维图层，暂时隐藏"花朵""背景"图层，如图 7-41 所示。

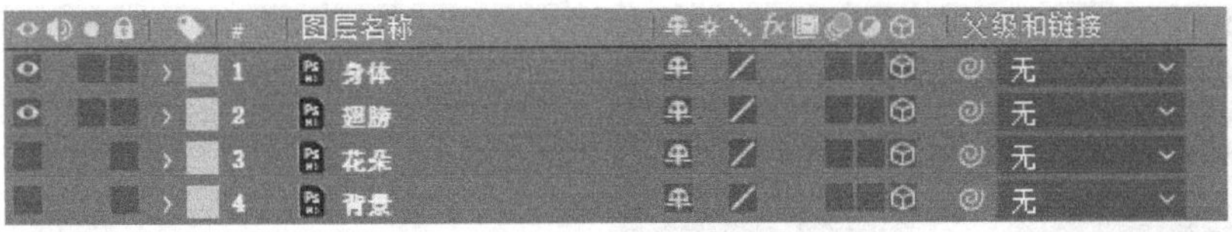

◇◆● 🔒	🏷	#	图层名称		单	✦ \ fx▣	●◎◎	父级和链接	
●		>	1	身体	单	/	🔗	◎ 无	∨
●		>	2	翅膀	单	/	🔗	◎ 无	∨
		>	3	花朵	单	/	🔗	◎ 无	∨
		>	4	背景	单	/	🔗	◎ 无	∨

图 7-41

（4）单击【合成】窗口下方的【选择视图布局】下拉列表，选择"2 个视图-水平"选项，在【合成】窗口中选择左侧视图，单击【合成】窗口下方的【3D 视图弹出式菜单】下拉列表，将视图设置为"顶部"视图；再选择右侧视图，将视图设置为"正面"视图。单击【合成】窗口下方的【切换透明网格】按钮，将合成背景设置为透明网格，便于观察。

选择工具栏中的【向后平移（锚点）工具】，在"正面"视图中将"翅膀"图层的锚点设置在翅膀的根部，效果如图 7-42 所示。

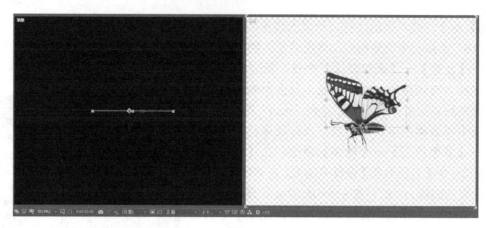

图 7-42

（5）在【时间线】窗口中选择"翅膀"图层，重命名为"右翅膀"，设置它的【位置】的 Z 轴坐标为"3.0"，使它与左翅膀有一定的距离，产生更真实的空间感。

制作右翅膀的扇动效果。在 0:00:00:00 处，单击"右翅膀"图层下面的参数【X 轴旋转】左侧的码表，为它设置关键帧，设置值为"-60.0°"，使翅膀呈现展开的状态；在 0:00:01:00 处，设置【X 轴旋转】值为"0.0°"，使翅膀呈现收起的状态。

（6）现在只对蝴蝶右翅膀做了一个循环动作，其他的循环可以通过表达式来实现。按住【Alt】键，单击"右翅膀"图层下面的参数【X 轴旋转】左侧的码表，输入双引号内的表达式"loopOut(type= "pingpong",numKeyframes=0)"（输入表达式的时候，注意字母大小写及使用英文的标点符号）。在【合成】窗口中，把右侧视图设置为"自定义视图 1"，这时单击【播放】按钮预览，可以看到蝴蝶翅膀的扇动动画已经反复循环起来了。

为了使翅膀的扇动动画更加自然一些，选中"右翅膀"图层下面的参数【X 轴旋转】的两个关键帧，执行右键快捷菜单中的【关键帧辅助】→【缓动】命令，这样在翅膀静止和运动之间会产生一个时间过渡，实现逐渐加速和减速的效果。

（7）选择【时间轴】窗口中的"右翅膀"图层，按【Ctrl+D】组合键复制一份，并重命名为"左翅膀"。展开"左翅膀"图层下面的参数，设置它的【位置】的 Z 轴坐标为"-3.0"。选中【X 轴旋转】的第 1 个关键帧，修改其值为"+60.0"。这时单击【播放】按钮，可以看到蝴蝶翅膀的完整扇动效果，如图 7-43 所示。

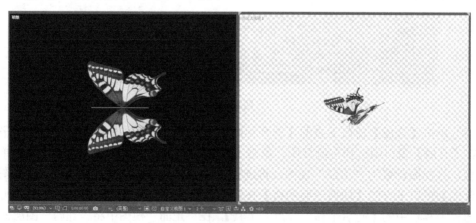

图 7-43

（8）在【时间轴】窗口中显示"花朵"图层，在【合成】窗口中把右侧视图设置为"正面"视图便于观察调整蝴蝶的位置。

执行菜单栏中的【图层】→【新建】→【空对象】命令，在【时间轴】窗口中单击"空1"图层的"3D 图层"开关，把它转化为三维图层，设置"身体""左翅膀""右翅膀"3个图层的父对象为空对象"空 1"图层，如图 7-44 所示。

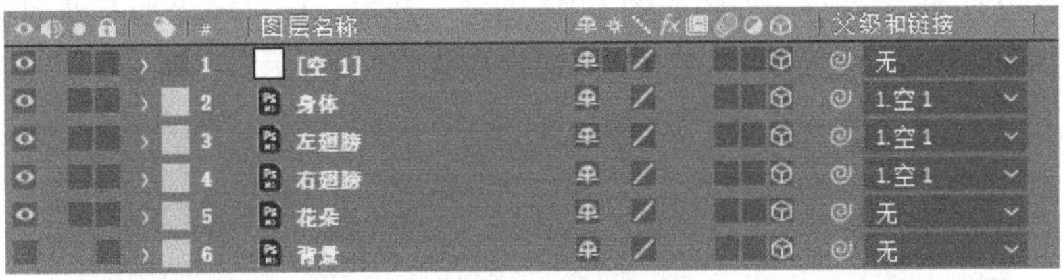

图 7-44

通过建立父子关系，只需要调整空对象"空 1"图层的位置及角度，就能实现对 3 个子对象"身体""左翅膀""右翅膀"的统一操作，沿 X 和 Y 轴移动"空1"，设置"空 1"的【方向】的 Z 轴坐标为"25.0°"，调整效果如图 7-45 所示。

（9）在【时间轴】窗口中显示"背景"图层，在【合成】窗口中将右侧视图设置为"自定义视图1"，可以看到"背景"图层遮挡住了蝴蝶的右边翅膀。这是因为在三维空间中，图层的上下位置关系已经不再重要，决定图层遮挡关系的是图层的 Z 轴坐标，图层 Z 轴坐标的大小决定了它离我们距离的远近。

图 7-45

选择【时间轴】窗口中的"背景"图层，加大它的【位置】的 Z 轴坐标值为"280.0"，使它远离我们，露出蝴蝶的右边翅膀，如图 7-46 所示。

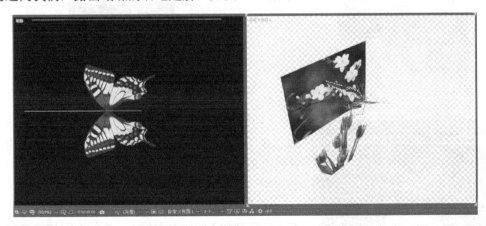

图 7-46

（10）现在场景已经搭建好了，但是静止的场景略显呆板，让场景动起来的最好的方法是让摄像机运动。

执行菜单栏中的【图层】→【新建】→【摄像机】命令，在弹出的【摄像机设置】对话框中，选择【预设】为"50毫米"的摄像机。

（11）在 After Effects 中直接对摄像机做关键帧动画是一件非常痛苦的事，它需要同时设置摄像机的【目标点】和【位置】参数，这里提供一个比较简便的方法，通过空对象来实现对摄像机的操作。

执行菜单栏中的【图层】→【新建】→【空对象】命令，在【时间轴】窗口中新建一个空对象"空 2"，单击"空 2"图层的"3D 图层"开关，把它转化为三维图层，设置"摄像机 1"图层的父对象为空对象"空 2"图层，如图 7-47 所示。

图 7-47

（12）制作摄像机动画。在【合成】窗口中将右侧视图设置为"摄像机 1"视图，在 0:00:00:00 处，单击图层"空 2"下面的【位置】和【Y 轴旋转】左侧的码表，创建关键帧，调整"空 2"的【位置】为"449.0,288.0,0.0"，【Y 轴旋转】为"+18.0°"，如图 7-48 所示。

在 0:00:03:00 处，调整"空 2"的位置和角度，使它远离我们，调整"空 2"的【位置】为"357.0,189.0, -375.0"，【Y 轴旋转】为"+0.0°"，如图 7-49 所示。

图 7-48　　　　　　　　　　　　　　　　　　图 7-49

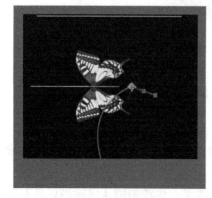

图 7-50

（13）单击【播放】按钮，可以看到摄像机动画基本完成了，但是动画效果不够自然。在【合成】窗口左侧的"顶部"视图中，使用工具栏中的【钢笔工具】调整"空 2"的运动路径如图 7-50 所示。

在【时间轴】窗口中选择"空 2"图层的【位置】和【Y 轴旋转】的所有关键帧，执行右键快捷菜单中的【关键帧辅助】→【缓动】命令，这样在摄像机静止和运动之间会产生一个时间过渡，实现逐渐加速和减速的效果。

（14）制作摄像机对焦效果。为了更真实地表现场景，需要对摄像机的景深进行控制。展开"摄像机 1"图层的【摄像机选项】，设置【景深】为"开"，开启摄像机的景深，设置【光圈】为"300.0"，【模糊层次】为"120"。在 0:00:00:00 处，单击【焦距】左侧的码表，创建一个关键帧，设置值为"720"，使对焦位置不在蝴蝶上面，使蝴蝶呈模糊状态，如图 7-51 所示。注意，这里【焦距】参数值需要根据实际情况设置。

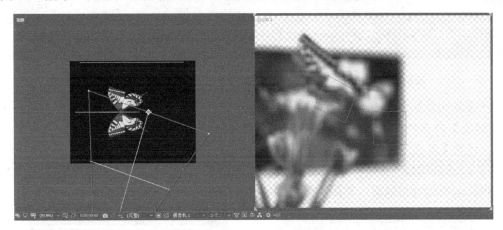

图 7-51

在 0:00:03:00 处，设置【焦距】值为"1470"，使对焦位置正好在蝴蝶上面，使蝴蝶呈清晰状态，如图 7-52 所示。

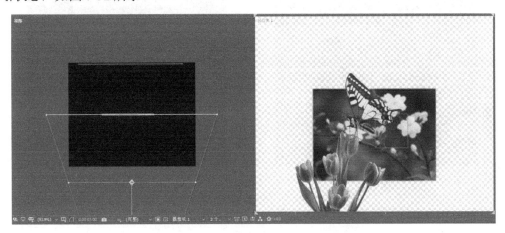

图 7-52

这时单击【播放】按钮预览，可以看到蝴蝶先为脱焦效果，后为对焦效果，使整个画面效果更为真实。

（15）动画制作完成后，由于背景太小，会在场景边缘露出合成的背景色，这个问题只需要调整"背景"图层的大小即可解决。设置"背景"图层的【缩放】值为"285%"，效果如图 7-53 所示。

（16）执行菜单栏中的【图层】→【新建】→【调整图层】命令，创建一个调整图层。这里只需要调整花朵和背景，所以把调整图层放置到"花朵""背景"图层的上面，这样对调整图层所做的操作只会影响到它下面的这两个图层，如图 7-54 所示。

图 7-53 図 7-54

在【时间轴】窗口中选择调整图层，执行菜单栏中的【效果】→【颜色校正】→【色相/饱和度】命令。在【效果控件】窗口中，将【通道控制】切换到"黄色"，选中黄色的花朵，设置【黄色饱和度】为"-70"，使背景不要太醒目，以免喧宾夺主，如图 7-55 所示。

将【通道控制】切换到"红色"，选中前面红色的花朵，设置【红色饱和度】为"30"，使红色花朵更加鲜艳欲滴，如图 7-56 所示。

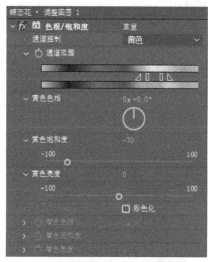

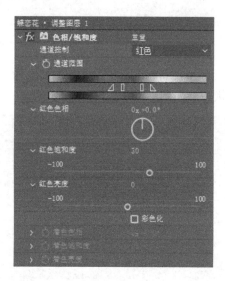

图 7-55 图 7-56

对花朵和背景进行调色后，最终效果如图 7-57 所示。

图 7-57

第三篇
特 效 篇

第8章

文字特效

本章学习目标

◆ 掌握文本图层的创建及参数设置。

◆ 掌握文本动画参数设置。

◆ 掌握几种文字特效的制作。

8.1 创建文本及设置

在 After Effects 中可以使用工具栏中的【横排文字工具】【直排文字工具】创建文本图层，或者执行菜单栏中的【图层】→【新建】→【文本】命令创建文本图层。与文本设置相关的窗口有【字符】和【段落】窗口。

执行菜单栏中的【窗口】→【字符】命令打开【字符】窗口，如图 8-1 所示。在【字符】窗口中可以设置文本的字体、文本的填充颜色和描边颜色、字体大小、所选字符的字符间距，以及描边宽度。

执行菜单栏中的【窗口】→【段落】命令打开【段落】窗口，如图 8-2 所示。在【段落】窗口可以设置文本左对齐、居中对齐、右对齐，以及首行缩进。

图 8-1

图 8-2

After Effects 不是一个文本排版软件，对于文本来说，只需要掌握字体、字体大小、填充颜色、字符间距、段落对齐方式即可。

下面使用【字符】和【段落】窗口来排版苏轼的词《水龙吟》。

操作步骤

（1）新建项目，执行菜单栏中的【合成】→【新建合成】命令，新建一个【预设】为

"PAL D1/DV"的合成。

（2）执行菜单栏中的【图层】→【新建】→【纯色】命令，新建一个白色的固态层。

（3）使用工具栏中的【横排文字工具】，在【合成】窗口中单击，创建一个文本图层，输入"水龙吟 苏轼"。选择"水龙吟"，在【字符】窗口中设置字体为"华文新魏"，字体大小为"60"；选择"苏轼"，在【字符】窗口中设置字体为"华文新魏"，字体大小为"30"，如图 8-3 所示。

（4）使用工具栏中的【横排文字工具】，在【合成】窗口用鼠标拖动拉出一个文本框，输入"似花还似非花，也无人惜从教坠。抛家傍路，思量却是，无情有思。萦损柔肠，困酣娇眼，欲开还闭。梦随风万里，寻郎去处，又还被、莺呼起。不恨此花飞尽，恨西园、落红难缀。晓来雨过，遗踪何在？一池萍碎。春色三分，二分尘土，一分流水。细看来，不是杨花，点点是、离人泪。"，选择所有文字，在【字符】窗口中设置字体为"华文新魏"，字体大小为"35"，在【段落】窗口设置【首行缩进】为"70"像素，【段后添加空格】为"20"像素，效果如图 8-4 所示。

图 8-3   图 8-4

8.2 文本动画

文本图层制作的动画可以用于动画标题、动画字幕、演职员表滚动字幕等。在 After Effects 中，可以为整个文本图层设置动画，可通过以下任一方法为文本图层设置动画。

（1）为【变换】属性设置动画，就像为任何其他图层设置动画一样，以更改整个图层，而非其文本内容。

（2）应用文本动画预设。

（3）对图层的源文本进行动画制作，以便字符自身随着时间的推移更改为不同字符，或者使用不同字符或段落格式。

（4）使用文本动画制作器和选择器为单个字符或一系列字符的许多属性设置动画。这也是本章制作文本图层动画的主要方法。

8.2.1 文本参数

新建项目，新建一个合成，使用工具栏中的【横排文字工具】创建一个文本图层，在【时间轴】窗口中展开文本图层下面的【文本】属性，可以看到下面的设置选项，如图 8-5

所示。

源文本：原始文本。

- 路径选项下面的路径：可以为文字设置路径。
- 锚点分组：有以下选项。
  - ✓ "字符"：锚点以每个字符为单位分组；
  - ✓ "词"：锚点以每个单词为单位分组；
  - ✓ "行"：锚点以每行文字为单位分组；
  - ✓ "全部"：锚点以所有文字为单位。

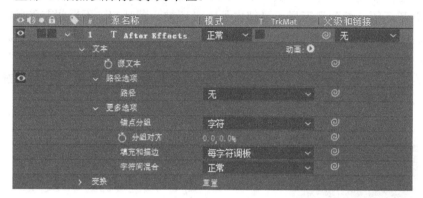

图 8-5

- 分组对齐：降低【分组对齐】的值可向左侧移动每个锚点，增加【分组对齐】的值可向右侧移动每个锚点。
- 填充和描边：其选项有 "每字符调板" "全部填充在全部描边之上" "全部描边在全部填充之上"。
- 字符间混合：类似图层混合模式。

单击【动画】右侧的小三角，弹出动画制作器属性菜单，如图 8-6 所示。【动画】菜单中的每个选项代表可以添加的文字动画制作器属性，下面逐一介绍。

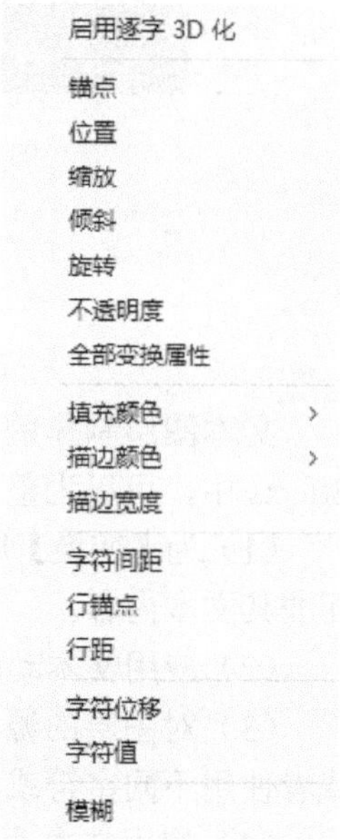

- 启用逐字 3D 化：如果启用逐字 3D 化属性，可以单独设置每个轴的旋转，包括 X 轴旋转、Y 轴旋转、Z 轴旋转；否则，只能设置 X、Y 值。
- 锚点：字符的锚点，有关要执行哪些变换（如缩放和旋转）的点。
- 位置：字符的位置。可以在【时间轴】窗口中指定此属性的值，或者使用【选取工具】拖动【合成】面板中的图层。【选取工具】位于文本字符上时将变成移动工具，使用移动工具拖动不会影响位置的 Z（深度）值。
- 缩放：字符的比例。因为缩放是相对于锚点而言的，因此更改缩放的 Z 值不会产生明显结果，除非文本也具有包含非零 Z 值的锚点动画制作器。
- 倾斜：字符的倾斜度。

启用逐字 3D 化

锚点
位置
缩放
倾斜
旋转
不透明度
全部变换属性

填充颜色
描边颜色
描边宽度

字符间距
行锚点
行距

字符位移
字符值

模糊

图 8-6

- 不透明度：字符的不透明度。
- 全部变换属性：所有的"变换"属性一次性添加到动画制作器组。
- 填充颜色：字符的填充颜色，包括 RGB、色相、饱和度、亮度、不透明度。
- 描边颜色：字符的描边颜色，包括 RGB、色相、饱和度、亮度、不透明度。
- 描边宽度：字符的描边宽度。
- 字符间距：字符之间的间隔距离。
- 行锚点：每行文本的字符间距对齐方式。值为"0%"表示指定左对齐，为"50%"表示指定居中对齐，为"100%"表示指定右对齐。
- 行距：文本图层中多行文本之间的间距。
- 字符位移：将选定字符偏移的 Unicode 值数。例如，值为"5"表示按字母顺序将单词中的字符前进 5 步，因此单词 offset 将变成 tkkxjy。
- 字符值：选定字符的新 Unicode 值，将每个字符替换为由新值表示的一个字符。例如，值为"65"表示会将单词中的所有字符替换为第 65 个 Unicode 字符（A），因此单词 value 将变为 AAAAA。
- 模糊：要添加到字符中的高斯模糊量，可以分别指定水平和垂直模糊量。

8.2.2 典型应用：粒子文字

知识与技能

本例主要学习使用文字图层的动画模块制作粒子文字的方法。

操作步骤

（1）新建项目，执行菜单栏中的【合成】→【新建合成】命令，在弹出的【合成设置】对话框中，设置【合成名称】为"Text Animation"，在【预设】下拉列表中选择"PAL D1/DV 宽银幕方形像素"，设置【持续时间】为"0:00:20:00"，如图 8-7 所示。

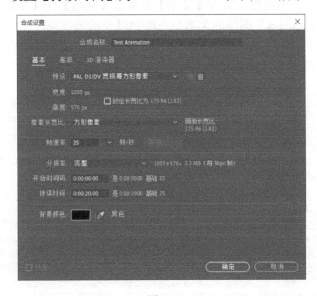

图 8-7

（2）使用工具栏中的【横排文字工具】，在【合成】窗口中单击，创建一个文本图层，输入由 26 个小写英文字母、26 个大写英文字母、10 阿拉伯数字组成的一串字符"abcdefghijklmnopqrstuvwxyz ABCDEFGHIJKLMNOPQRSTUVWXYZ0123456789"。

在【时间轴】窗口中选择该文本图层，按【Enter】键把文本图层重命名为"Base Characters"。在【字符】窗口中，设置字体为"Arial Rounded MT Bold"，字体大小为"50px"，字符间距为"-527"，如图 8-8 和图 8-9 所示。

图 8-8   图 8-9

（3）执行菜单栏中的【图层】→【新建】→【调整图层】命令，创建一个调整图层，在【时间】窗口中选择该调整图层，按【Enter】键将其重命名为"Controller"。

（4）在【时间轴】窗口中选择调整图层"Controller"，执行菜单栏中的【效果】→【表达式控制】→【颜色控制】命令，在【效果控件】窗口中设置【颜色控制】下面的参数【颜色】的 RGB 值为"197,218,145"。

（5）在【时间轴】窗口中展开"Base Characters"图层下面的【文本】，由于要对单个字符进行三维化操作，勾选它右侧的【动画】→【启用逐字 3D 化】选项。

下面先设置文本的填充色，执行【文本】右侧的【动画】→【填充颜色】→【RGB】命令，为"Base Characters"图层的文本填充颜色以及动画效果。按住【Alt】键单击【填充颜色】左侧的码表，为【填充颜色】创建一个表达式，拖动表达式右侧的橡皮筋，使它指向"Controller"图层下面的【颜色控制】下面的【颜色】参数，如图 8-10 所示。

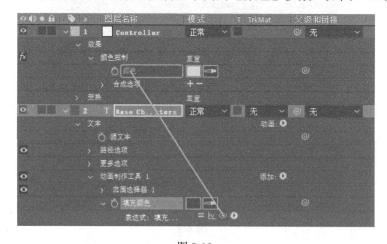

图 8-10

按【Enter】键把"动画制作工具 1"重命名为"Linked Color Control"。由于需要为所有的文本添加填充色，删除"Linked Color Control"下面的"范围选择器 1"，如图 8-11 所示。

图 8-11

（6）继续为文本添加位置动画效果。执行【文本】右侧的【动画】→【位置】命令，把新创建的"动画制作工具 1"重命名为"Main Position"，删除"Main Position"下面的"范围选择器 1"，执行"Main Position"右侧的【添加】→【选择器】→【摆动】命令，为【位置】参数参数重新添加一个摆动选择器，设置【位置】参数的值为"1000,1000,1000"，使字符在 *XYZ* 轴 3 个方向上产生一些随机性。

展开"摆动选择器 1"下面的参数，设置【摇摆/秒】参数的值为"0"，使每个字符的位置不会随时间而产生变化，设置【关联】参数的值为"0%"，如图 8-12 和图 8-13 所示。

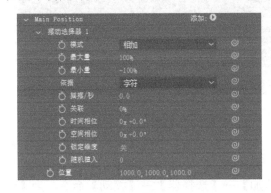

图 8-12

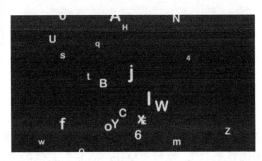

图 8-13

（7）继续为文本添加旋转动画效果。执行【文本】右侧的【动画】→【旋转】命令，把新创建的"动画制作工具 1"重命名为"Main Rotation"，删除"Main Rotation"下面的"范围选择器 1"，执行"Main Rotation"右侧的【添加】→【选择器】→【摆动】命令，为【旋转】参数重新添加一个摆动选择器，设置【X 轴旋转】的值为"15°"，【Y 轴旋转】的值为"15°"，【Z 轴旋转】的值为"180°"。

展开"摆动选择器 1"下面的参数，设置【摇摆/秒】参数的值为"0"，使每个字符的旋转角度不会随时间而产生变化，设置【关联】参数的值为"0%"，如图 8-14 和图 8-15 所示。

（8）继续为文本添加不透明度动画效果。执行【文本】参数右侧的【动画】→【不透明度】命令，把新创建的"动画制作工具 1"重命名为"Main Opacity"，删除"Main Opacity"下面的"范围选择器 1"，执行"Main Opacity"右侧的【添加】→【选择器】→【摆动】命令，为【不透明度】参数重新添加一个摆动选择器，设置【不透明度】的值为"0%"。

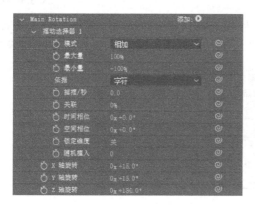
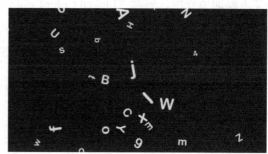

图 8-14　　　　　　　　　　　　　　　　　图 8-15

展开"摆动选择器 1"下面的参数，设置【摇摆/秒】参数的值为"0.3"，使每个字符的不透明度大约每 3 秒产生一次变化，设置【关联】参数的值为"0"，【最小量】参数的值为"-50%"，如图 8-16 和图 8-17 所示。

图 8-16　　　　　　　　　　　　　　　　　图 8-17

（9）继续为文本添加缩放动画效果。执行【文本】参数右侧的【动画】→【缩放】命令，把新创建的"动画制作工具 1"重命名为"Main Scale"，删除"Main Scale"下面的"范围选择器 1"，执行"Main Scale"右侧的【添加】→【选择器】→【摆动】命令，为【缩放】参数重新添加一个抖动选择器，设置【缩放】参数的值为"20,20,20%"。

展开"摆动选择器 1"下面的参数，设置【最小量】参数的值为"-50%"，【锁定维度】为"开"，锁定坐标轴，使字符在三个坐标轴上同时进行缩放，设置【摇摆/秒】参数的值为"0"，【关联】参数的值为"0"，如图 8-18 和图 8-19 所示。

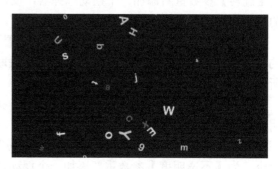

图 8-18　　　　　　　　　　　　　　　　　图 8-19

（10）继续为文本添加模糊动画效果。执行【文本】参数右侧的【动画】→【模糊】命令，把新创建的"动画制作工具 1"重命名为"Main Blur"，删除"Main Blur"下面的"范围选择器 1"，执行"Main Blur"右侧的【添加】→【选择器】→【摆动】命令，为【模糊】参数重新添加一个摆动选择器，设置【模糊】参数的值为"70,70"。

展开"摆动选择器 1"下面的参数，设置【最小量】参数的值为"-50%"，【摇摆/秒】参数的值为"0.2"，即每 5 秒产生一次变化，设置【关联】参数的值为"0"，【锁定维度】参数的值为"On"，否则模糊效果就好像是运动模糊，如图 8-20 和图 8-21 所示。

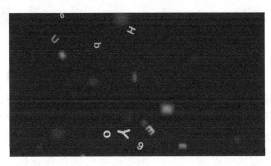

图 8-20   图 8-21

（11）为了使字符不再停留在一个地方，继续为文本添加位置动画效果。执行【文本】参数右侧的【动画】→【位置】命令，把新创建的"动画制作工具 1"重命名为"Drift"，删除"Drift"下面的"范围选择器 1"，执行"Drift"右侧的【添加】→【选择器】→【摆动】命令，为【位置】参数重新添加一个摆动选择器，设置【位置】参数的值为"50,50,50"。

展开"摆动选择器 1"下面的参数，设置【摇摆/秒】参数的值为"0.3"，大约每 3 秒产生一次变化，设置【关联】参数的值为"0"，如图 8-22 和图 8-23 所示。

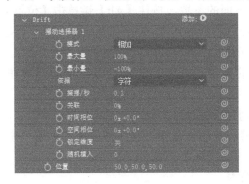

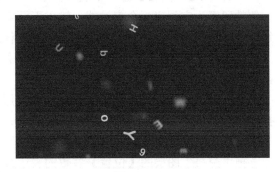

图 8-22   图 8-23

（12）继续为文本添加旋转动画效果。执行【文本】参数右侧的【动画】→【旋转】命令，把新创建的"动画制作工具 1"重命名为"Rotation"，删除"Rotation"下面的"范围选择器 1"，执行"Rotation"右侧的【添加】→【选择器】→【摆动】命令，为【旋转】参数重新添加一个摆动选择器，设置【X 轴旋转】参数的值为"10°"，【Y 轴旋转】参数的值为"10°"，【Z 轴旋转】参数的值为"20°"。

展开"摆动选择器 1"下面的参数，设置【摇摆/秒】参数的值为"0.3"，大约每 3 秒产生一次变化，设置【关联】参数的值为"0"，如图 8-24 和图 8-25 所示。

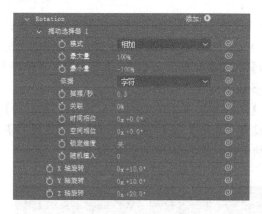

图 8-24   图 8-25

（13）执行菜单栏中的【图层】→【新建】→【摄像机】命令，在弹出的对话框中【预设】下拉列表中选择"35 毫米"，创建一个摄像机。为了便于操作摄像机，这里可以通过创建一个空对象来控制摄像机的运动，执行菜单栏中的【图层】→【新建】→【空对象】命令，创建一个空对象"空 1"，把"空 1"图层设置为"3D 图层"，设置"摄像机 1"图层的父对象为"空 1"图层，这样就在摄像机和空对象之间建立了一种父子关系，如图 8-26所示。

图 8-26

（14）在【时间轴】窗口中展开"空 1"图层下面的参数，按住【Alt】键单击【位置】左侧的码表为它创建一个表达式，输入下面双引号中的表达式"value+[0,0,time*100]"（注意，书写表达式的时候区分大小写，在英文状态下输入，不需要输入外面的双引号。）。

（15）播放预览，可以看到有一种镜头推进的效果了，但是镜头是以固定的速度在推进的，因此需要稍加调整。

在【时间轴】窗口中把"Controller"图层移到合成的顶部，选择"Controller"图层，执行菜单栏中的【效果】→【表达式控制】→【滑块控制】命令，在【效果控件】窗口中把"滑块控制"重命名为"Movement Speed"，设置【滑块】的值为"100"。

把"空 1"图层的【位置】参数的表达式调整为

"value+[0,0,time*thisComp.layer("Controller").effect("Movement Speed")("滑块")]"

（16）在【效果控件】窗口，按【Ctrl+D】组合键把"Movement Speed"复制一份，并重命名为"Rotation Speed"，设置它下面的【滑块】参数的值为"10"。

展开"空 1"图层下面的参数，按住【Alt】键单击【Z 轴旋转】左侧的码表为它创建一个表达式，输入表达式为"time*thisComp.layer("Controller").effect("Rotation Speed")("滑块")"。再播放预览，镜头已经有一种旋转推进的效果了。

（17）现在整个场景看起来还不够梦幻，可以为它创建一些背景。在【时间轴】窗口中选择"Controller"图层，在【效果控件】窗口中，按【Ctrl+D】把"颜色控制"复制一份，并重命名为"Background Color"，设置【颜色】参数 RGB 值为"26,34,7"。

（18）执行菜单栏中的【图层】→【新建】→【纯色】命令，创建一个任意颜色的纯色图层，按【Enter】键将其重命名为"Background"，把它放置到合成的底部。

在【时间轴】窗口中选择"Background"图层，执行菜单栏中的【效果】→【生成】→【填充】命令，展开【填充】下面的参数，按住【Alt】键单击【颜色】左侧的码表为它创建一个表达式，输入下面的表达式"thisComp.layer("Controller").effect("Background Color")("颜色")"。效果如图 8-27 所示。

图 8-27

设置"Base Characters"图层的混合模式为"屏幕"，使字符和背景叠加的时候稍微变亮一些。

（19）边角压暗。执行菜单栏中的【图层】→【新建】→【纯色】命令，创建一个任意颜色的纯色图层，选中该纯色图层，执行菜单栏中的【效果】→【生成】→【梯度渐变】命令，在【效果控件】窗口中，设置【渐变形状】为"径向渐变"，【渐变起点】为"525,288"，【起始颜色】的 RGB 值为"240,240,240"；【渐变终点】为"0,0"，【结束颜色】的 RGB 值为"20,20,20"，如图 8-28 和图 8-29 所示。

图 8-28

图 8-29

设置纯色图层的混合模式为"叠加"，效果如图 8-30 所示。

（20）执行菜单栏中的【图层】→【新建】→【调整图层】命令，创建一个调整图层，在【时间轴】窗口中把该调整图层移到纯色图层的下面，如图 8-31 所示。

（21）制作文字灰尘效果。在【时间轴】窗口中选择"Base Characters"图层，按【Ctrl+D】组合键复制一份，按【Enter】键把新复制的图层重命名为"Dots"，展开"Dots"图层【变换】下面的参数，设置【位置】的值为"699.0,292.5,1691.0"。这里的值仅供参考，需要根据实际情况适当调整。展开"Dots"图层【文本】下面的参数，删除"Main Rotation"和"Rotation"

文字旋转动画效果。修改"Main Scale"的"摆动选择器 1"下面的【最小量】参数的值为"90%"，效果如图 8-32 所示。

图 8-30

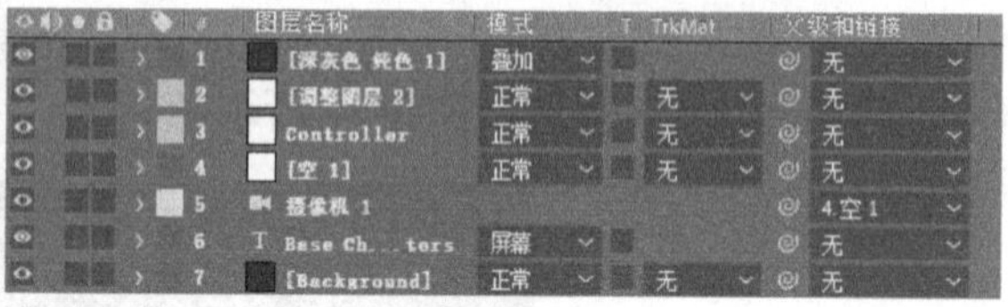

图 8-31

（22）设置文字灰尘颜色。在【时间轴】窗口中选择"Controller"图层，在【效果控件】窗口中把"颜色控制"复制一份，并重命名为"Dot Color"，设置【颜色】的 RGB 值为"137,159,84"。在【时间轴】窗口中展开"Dots"图层的【文本】下面的参数，修改"Linked Color Control"下面的【填充颜色】的表达式为"thisComp.laycr("Controllcr").cffcct("Dot Color")("颜色")"。

（23）使用工具栏中的【横排文字工具】在【合成】窗口中单击鼠标，创建一个文本图层，输入文本"DreamWorks"和"Presents"，在【字符】窗口中设置字体为"Arial Rounded MT Bold"，字间距为"0"，选中文本"DreamWorks"，设置字体大小为"60px"；选中文本"Presents"，设置字体大小为"30px"，行间距为"29px"。

在【时间轴】窗口中选择刚才创建的文本图层，按【Enter】键将其重命名为"Title Text"，单击"3D 图层"图标，把图层转换为三维图层。展开【变换】下面的参数，设置【位置】的 Z 轴坐标为"880"。

（24）执行"Title Text"图层下面的【文本】参数右侧的【动画】→【填充颜色】→【RGB】命令，为"Title Text"图层的文本设置填充色，按【Enter】键把"动画制作工具 1"重命名为"Linked Color Control"。这里要为所有的文本添加填充色，删除"Linked Color Control"下面的"范围选择器 1"，按住【Alt】键单击【填充颜色】左侧码表，为它创建一个表达式，输入"thisComp.layer("Controller").effect("颜色控制")("颜色")"，效果如图 8-33 所示。

图 8-32

图 8-33

（25）继续为文本添加位置动画效果。勾选【文本】参数右侧的"启用逐字 3D 化"选项，执行【文本】参数右侧的【动画】→【位置】命令，设置【位置】的值为"500,500500"。

　　把新创建的"动画制作工具 1"重命名为"Position"，执行"Position"右侧的【添加】
→【选择器】→【摆动】命令，创建一个摆动选择器，设置它下面的【摇摆/秒】参数的值为"0"，
【关联】参数的值为"0"，如图 8-34 所示。

　　展开"范围选择器 1"下面的参数，设置【高级】下面的【形状】参数为"上斜
波"，【缓和高】参数的值为"50%"，【缓和低】参数的值为"50%"，【随机排序】参数
的值为"开"。

　　设置当前时间为 0:00:10:00，展开【变换】参数，设置【Z 轴旋转】参数的值为"99"，
使文字处于水平方向。设置当前时间为 0:00:08:20，展开"Position"下面的"范围选择
器 1"，单击【偏移】左侧的码表，创建一个关键帧，值为"100%"，设置当前时间为 0:00:06:10，
设置【偏移】参数的值为"-100%"；自动创建一个关键帧；设置当前时间为 0:00:13:15，
设置【偏移】参数的值为"-100%"，自动创建一个关键帧；设置当前时间为 0:00:11:05，
设置【偏移】参数的值为"100%"，自动创建一个关键帧。在【时间轴】窗口中选择这 4
个关键帧，执行右键快捷菜单中的【关键帧辅助】→【缓动】命令，使文字的汇聚和发散
动画有缓入缓出的效果。

　　为了增加文字的随机性，设置"范围选择器 1"下面的【随机植入】为"1"，"摆动选
择器 1"下面的【随机植入】为"3"，效果如图 8-35 所示。

图 8-34

图 8-35

　　(26) 继续制作文本的模糊效果。选择"Title Text"图层的【文本】下面的"Position"
动画效果，按【Ctrl+D】组合键复制一份，并重命名为"Blur"。删除"Blur"下面的【位
置】参数，执行"Blur"右侧的【添加】→【属性】→【模糊】命令，为文本添加模糊效
果，设置【模糊】参数的值为"60,60"。

　　展开"Blur"下面的"摆动选择器 1"参数，设置【最小量】参数的值为"25%"，【锁
定维度】参数的值为"开"，如图 8-36 和图 8-37 所示。

　　(27) 继续制作文本的旋转效果。选择"Title Text"图层的【文本】下面的"Position"动画
效果，按【Ctrl+D】组合键复制一份，并重命名为"Rotation"。删除"Rotation"下面的【位
置】参数，执行"Rotation"右侧的【添加】→【属性】→【旋转】命令，为文本添加旋转效
果，设置【X 轴旋转】参数的值为"15°"，【Y 轴旋转】参数的值为"15°"，【Z 轴旋转】
参数的值为"60°"，如图 8-38 和图 8-39 所示。

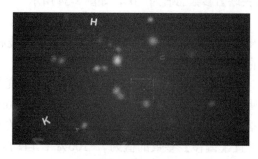

图 8-36   图 8-37

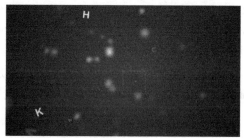

图 8-38   图 8-39

（28）继续制作文本的不透明度效果。选择"Title Text"图层的【文本】下面的"Position"动画效果，按【Ctrl+D】组合键复制一份，并重命名为"Opacity"。删除"Opacity"下面的【位置】参数和"摆动选择器 1"，执行"Opacity"右侧的【添加】→【属性】→【不透明度】命令，为文本添加不透明度效果，设置【不透明度】参数值为"0%"，如图 8-40和图 8-41 所示。

图 8-40   图 8-41

（29）继续制作文本的旋转效果。选择"Title Text"图层的【文本】下面的"Position"动画效果，按【Ctrl+D】快捷键复制一份，并重命名为"Drift"。执行"Drift"右侧的【添加】→【属性】→【旋转】命令，为文本添加旋转效果，设置【位置】参数的值为"50,50,50"，【X 轴旋转】参数的值为"15°"，【Y 轴旋转】参数的值为"15°"，【Z 轴旋转】参数的值为"25°"。展开"摆动选择器 1"下面的参数，设置【摇摆/秒】参数的值为"0.4"，如图 8-42 和图 8-43 所示。

图 8-42

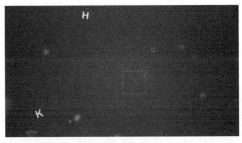

图 8-43

（30）最后设置"Title Text"图层的入点为"0:00:06:10"，出点为"0:00:13:15"，把"Title Text"图层移到"Background"图层的上面，如图 8-44 和图 8-45 所示。

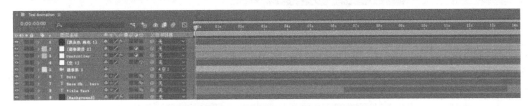

图 8-44

图 8-45

8.3 文字特效

8.3.1 典型应用：书法字

➡ 知识与技能

本例主要学习使用画笔工具、蒙版制作书法文字效果。

➡ 操作步骤

（1）新建项目，导入素材"文字.jpg"和"宣纸.jpg"到【项目】窗口中，把"宣纸.jpg"拖到【项目】窗口下面的【新建合成】按钮上，新建一个合成，设置合成的【持续时间】为"0:00:15:00"。

（2）我们需要为文字的每个笔画制作书写动画效果，首先要把每个笔画分离出来。"茶"字的书写笔画一共有 10 笔，把"文字.jpg"拖到【时间轴】窗口的合成中，放置到"宣纸.jpg"图层的上面，在【时间轴】窗口中把"文字.jpg"图层复制 9 份，从上至下把图层依次重命名为"第 1 笔"～"第 10 笔"，如图 8-46 所示。

选择【时间轴】窗口中的"第 1 笔"图层，使用工具栏中的【钢笔工具】绘制蒙版，如图 8-47 所示。

图 8-46   图 8-47

其他图层也是如此，按照书写顺序，把每个笔画用蒙版分离出来。在绘制蒙版时，笔画相连的地方要细致，不能有多余或者缺少的部分，其他位置的蒙版能覆盖笔画即可。全部绘制完成如图 8-48 所示。

（3）下面制作每笔的书写动画。在【时间轴】窗口按【Ctrl+D】组合键复制"第 1 笔"图层，把上面的图层重命名为"第 1 笔蒙版"。选择"第 1 笔蒙版"图层，双击该图层在【图层】窗口中打开，选择工具栏中的【画笔工具】，在【绘画】窗口中设置画笔的大小，能完全覆盖该笔画即可；用画笔在【图层】窗口中沿着该笔画顺序绘制，使用画笔绘制第一笔时，要保证当前时间在 0:00:00:00 处；绘制完成后，在【效果控件】窗口中，可以看到为该图层添加了一个"绘画"动画效果，勾选"在透明背景上绘画"选项；在【时间轴】展开"第 1 笔蒙版"图层下面的【描边选项】，为【结束】属性设置关键帧，在 0:00:00:00 处，值为"0"；在 0:00:00:10 处，值为"100"，效果如图 8-49 所示。

现在播放预览，可以看到画笔的动画效果，在【时间轴】窗口设置"第 1 笔"图层的遮罩为"Alpha Matte '第 1 笔遮罩'"，这时可以看到原始的笔画逐渐出现的效果。但是用蒙版绘制原始笔画的时候，边缘还有残留一部分白色的背景，这个只需要设置"第 1 笔"图层混合模式为"相乘"即可将其过滤掉，效果如图 8-50 所示。

图 8-48   图 8-49   图 8-50

其他笔画也按照上面方法完成。需要注意的是，后面一笔应该在前面一笔动画完成后再进行，并且根据笔画的长短，应适当调整该笔画【结束】属性两个关键帧之间的时间间隔，如图 8-51 所示。后面的笔画制作过程这里不再一一叙述了。

图 8-51

8.3.2　典型应用：烟飘文字

知识与技能

本例主要学习使用分形杂色、复合模糊、置换图制作烟飘文字效果。

操作步骤

（1）新建项目，执行菜单栏中的【合成】→【新建合成】命令，在弹出的对话框中设置【合成名称】为"Text"，在【预设】下拉列表中选择"PAL D1/DV"，【持续时间】为"0:00:05:00"，如图 8-52 所示。

（2）执行菜单栏中的【图层】→【新建】→【文本】命令，创建一个文本图层，输入文字"烟飘文字"，在【字符】窗口中设置文字的填充色为蓝色，RGB 值为"0,160,255"，效果如图 8-53 所示。

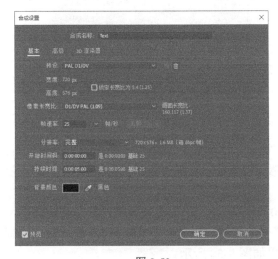

图 8-52

图 8-53

（3）执行菜单栏中的【合成】→【新建合成】命令，在弹出的对话框中设置【合成名称】为"Fractal Noise"，在【预设】下拉列表中选择"PAL D1/DV"，【持续时间】为"0:00:05:00"。

（4）在【时间轴】窗口选择"Fractal Noise"合成，执行菜单栏中的【图层】→【新建】→【纯色】命令，在弹出的【纯色设置】对话框中，设置【名称】为"Fractal Noise"，如图 8-54 所示。

（5）在【时间轴】窗口中选择纯色图层"Fractal Noise"，执行菜单栏中的【效果】→【杂色和颗粒】→【分形杂色】命令，在【效果控件】窗口中设置【溢出】为"剪切"。为【演化】设置关键帧，在 0:00:00:00 处，单击【演化】参数左侧的码表，创建一个关键帧，【演化】值为"0x+0"；在 0:00:04:24 处，设置【演化】值为"3x+0"，自动创建一个关键帧。

图 8-54

（6）在【时间轴】窗口中选择纯色图层"Fractal Noise"，执行菜单栏中的【效果】→【颜色校正】→【色相/饱和度】命令，在【效果控件】窗口勾选"彩色化"选项，设置【着色色相】为"0x+230°"，【着色饱和度】为"35"，【着色亮度】为"10"，把分形杂色调为蓝色，如图 8-55 和图 8-56 所示。

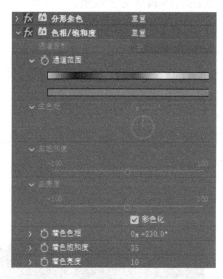

图 8-55

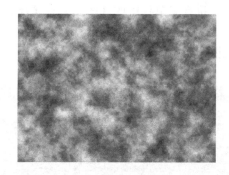

图 8-56

（7）在【时间轴】窗口中选择纯色图层"Fractal Noise"，使用工具栏中的【矩形工具】在纯色图层上绘制一个矩形蒙版，展开"蒙版 1"参数，设置【蒙版羽化】值为"70"，效果如图 8-57 所示。

下面为【蒙版路径】制作关键帧，在 0:00:00:00 处，单击【蒙版路径】左侧的码表，自动创建一个关键帧；在 0:00:04:24 处，在【合成】窗口中选中"蒙版 1"左边的两个控制点，将它们移到右边，创建一个关键帧，效果如图 8-58 所示。

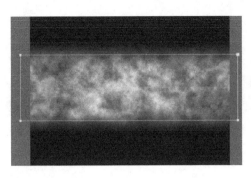

图 8-57   图 8-58

（8）在【项目】窗口中选择"Fractal Noise"合成，按【Ctrl+D】组合键复制一份，双击新复制的合成"Fractal Noise 2"在【时间轴】窗口中打开。

选择纯色图层"Fractal Noise"，执行菜单栏中的【效果】→【颜色校正】→【曲线】命令，调整对比度，如图 8-59 和图 8-60 所示。

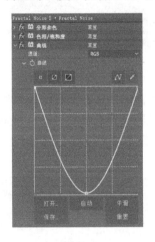

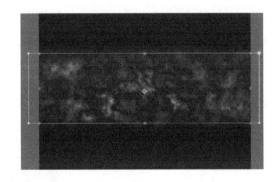

图 8-59   图 8-60

（9）执行菜单栏中的【合成】→【新建合成】命令，在弹出的对话框中设置【合成名称】为"Final Comp"，在【预设】下拉列表中选择"PAL D1/DV"，【持续时间】为"0:00:05:00"。

（10）在【时间轴】窗口中选择"Final Comp"合成，执行菜单栏中的【图层】→【新建】→【纯色】命令，在弹出的【纯色设置】对话框中，设置【名称】为"Background"。

（11）在【时间轴】窗口中选择纯色图层"Background"，执行菜单栏中的【效果】→【生成】→【梯度渐变】命令。

在【效果控件】窗口中，设置【渐变形状】为"径向渐变"，【渐变起点】为"360.0,288.0"，【渐变终点】为"360.0,1035.0"，【起始颜色】为白色，【结束颜色】为黑色，如图 8-61 和图 8-62 所示。

（12）在【项目】窗口中选择"Text""Fractal Noise""Fractal Noise 2"合成，将它们拖到【时间轴】窗口"Final Comp"合成中，隐藏"Fractal Noise""Fractal Noise 2"图层，图层排列如图 8-63 所示。

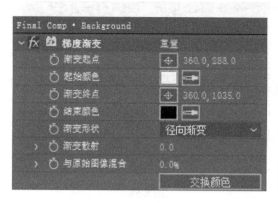

图 8-61   图 8-62

图 8-63

（13）在【时间轴】窗口中选择"Text"图层，执行菜单栏中的【效果】→【模糊和锐化】→【复合模糊】命令，在【效果控件】窗口中，【模糊图层】选择"Fractal Noise 2"，使用"Fractal Noise 2"图层对"Text"进行模糊处理，设置【最大模糊】值为"200"，使文字模糊效果更明显，效果如图 8-64 和图 8-65 所示。

图 8-64   图 8-65

（14）在【时间轴】窗口中选择"Text"图层，执行菜单栏中的【效果】→【扭曲】→【置换图】命令，在【效果控件】窗口中，【置换图层】选择"Fractal Noise"，使用"Fractal Noise"图层对"Text"图层进行置换映射，设置【用于水平置换】为"蓝色"，【最大水平置换】为"200"，【用于垂直置换】为"绿色"，【最大垂直置换】为"200"，【置换图特性】为"伸缩对应图以适合"，如图 8-66 和图 8-67 所示。

图 8-66

图 8-67

8.3.3 典型应用：剥落文字

➡ **知识与技能**

本例主要学习使用遮罩、碎片制作剥落文字效果。

➡ **操作步骤**

（1）新建项目，导入素材"灰尘.jpg"和"裂纹.png"到【项目】窗口中，执行菜单栏中的【合成】→【新建合成】命令，新建一个合成，【合成名称】为"Background"，【宽度】为"960"，【高度】为"540"，【持续时间】为"0:00:05:00"，如图 8-68 所示。

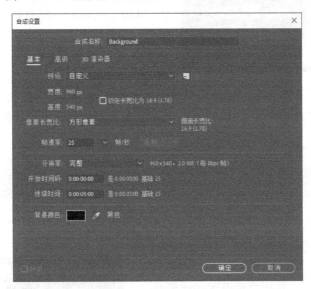

图 8-68

（2）把"灰尘.jpg"从【项目】窗口拖到【时间轴】窗口的合成中，适当缩小图片大小并调整位置。执行菜单栏中的【效果】→【颜色校正】→【曲线】命令，降低整体亮度，切换到红色通道，增加红色部分；切换到蓝色通道，降低蓝色部分，如图 8-69 和图 8-70 所示。

（3）执行菜单栏中的【合成】→【新建合成】命令，新建一个合成并命名为"Title"，其他参数设置如前所述。

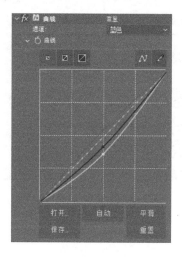

图 8-69

图 8-70

使用工具栏中的【横排文字工具】，输入文本"剥落文字"，创建一个文本图层，把"裂纹.png"从【项目】面板拖到【时间轴】窗口的合成中，放置到文字的上面。

图 8-71

执行菜单栏中的【图层】→【新建】→【调整图层】命令，新建一个调整层，把它放到合成的最上面。执行菜单栏中的【效果】→【生成】→填充】命令，设置颜色为灰色，RGB 值为"120,120,120"。效果如图 8-71 所示。

（4）创建文字纹理效果。执行菜单栏中的【合成】→【新建合成】命令，新建一个合成并命名为"Textured Map"，其他参数设置如前所述。

把"Background"和"Title"图层从【项目】窗口拖到【时间轴】窗口的合成中，设置"Background"的 Alpha 遮罩为"Title"，如图 8-72 和图 8-73 所示。

◎ ● ● 🔒	◆	#	源名称	模式		T TrkMat		父级和链接	
		> 1	Title	正常	∨			◎ 无	∨
◎		> 2	Background	正常	∨	Alpha	∨	◎ 无	∨

图 8-72

（5）制作原地破碎效果。执行菜单栏中的【合成】→【新建合成】命令，新建一个合成并命名为"Shatter Activate"，其他参数设置如前所述。

把"Textured Map"从【项目】窗口中拖到【时间轴】窗口的合成中，执行菜单栏【效果】→【模拟】→【碎片】命令。

在【效果控件】窗口中设置【视图】为"已渲染"模式，【渲染】为"块"。展开【形状】，设置【图案】为"玻璃"，【重复】为"60"。展开【作用力 1】，设置【深度】为"0.05"，【半径】

图 8-73

为"0.2",【强度】为"0"。为【位置】设置关键帧，在 0:00:00:10 处值为"-40,270"，在 0:00:04:00 处值为"900,270"。展开【物理学】参数，设置【旋转速度】为"0"，【随机性】为"0"，【粘度】为"0"，【大规模方差】（注：这里翻译为质量变化范围更合适）为"25"，【重力】为"0"，如图 8-74 和图 8-75 所示。

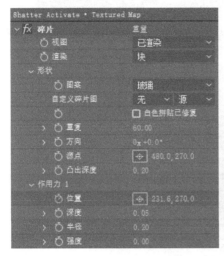
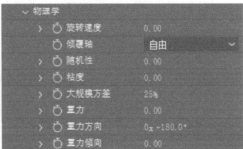

图 8-74

图 8-75

（6）制作破碎后下落效果。在【项目】窗口中把"Shatter Activate"合成复制一份，并重命名为"Shatter"。打开该合成，执行菜单栏中的【图层】→【新建】→【灯光】命令，添加一个点光源，设置【颜色】为白色，【强度】为"150"。

选中"Textured Map"图层，展开效果"碎片"下面的【作用力 1】，设置【强度】为"0.5"；展开【物理学】参数，设置【旋转速度】为"1"，【随机性】为"1"，【粘度】为"0.1"，【重力】为"3"；展开【灯光】参数，设置【灯光类型】为"首选合成灯光"，【环境光】为"0.5"，如图 8-76 和图 8-77 所示。

（7）执行菜单栏中的【合成】→【新建合成】命令，新建一个合成并命名为"Title Reveal"，其他参数设置如前所述。

把"Shatter Activate"和"Title"从【项目】窗口拖到【时间轴】窗口的合成中，设置"Title"的 Alpha 遮罩为"Shatter Activate"，如图 8-78 和图 8-79 所示。

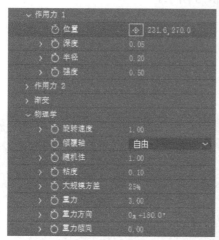
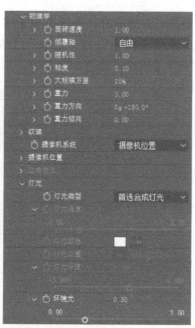

图 8-76

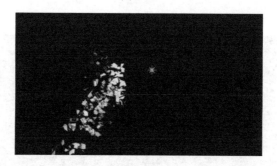

图 8-77

图 8-78

（8）执行菜单栏中的【合成】→【新建合成】命令，新建一个合成并命名为"Final Comp"，其他参数设置如前所述。

把"Background""Title Reveal""Shatter"从【项目】窗口拖到【时间轴】窗口的合成中，按照从下到上的顺序排列，设置"Title Reveal"图层模式为"相乘"。选中"Title Reveal"图层，在右键快捷菜单中选择【图层样式】→【内阴影】命令，展开【内阴影】参数，设置【不透明度】为"80"，【角度】为"50"，【距离】为"3"，【大小】为"3"，如图 8-80所示。

继续添加图层样式，在右键快捷菜单中选择【图层样式】→【斜面和浮雕】命令，展开【斜面和浮雕】，设置【样式】为"外斜面"，【方向】为"向下"，大小为"2"，如图 8-81和图 8-82 所示。

图 8-79

图 8-80

图 8-81

图 8-82

（9）制作破碎粒子效果。在 Project【项目】窗口中复制"Shatter Activate"合成，并重命名为"Shatter Particles"，进入该合成，选中"Textured Map"图层，展开效果【碎片】下面的【形状】，设置【图案】为"Crescents"，【重复】为"200"，【凸出深度】为"0.05"；展开【作用力 1】，设置【强度】为"1.75"；展开【物理学】，设置【旋转速度】为"1"，【随机性】为"1"，【粘度】为"0.1"，【重力】为"3"，如图 8-83 所示。

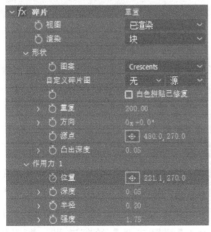

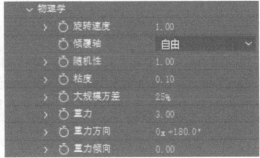

图 8-83

选中"Textured Map"图层，执行菜单栏中的【效果】→【遮罩】→【简单阻塞工具】命令，设置【阻塞遮罩】为"4"。

再执行菜单栏中的【效果】→【声道】→【反转】命令，设置【通道】为"Alpha"。

再执行菜单栏中的【效果】→【声道】→【设置遮罩】命令，取消勾选"伸缩遮罩以适合"选项。

最后调整几个效果的上下关系，如图 8-84 和图 8-85 所示。

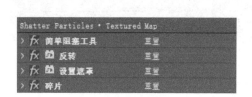

图 8-84

图 8-85

把"Shatter Particles"从【项目】窗口拖到"Final Comp"合成的"Shatter"图层的下面，为它添加【效果】→【颜色校正】→【曲线】效果，提高整体亮度，如图 8-86 和图 8-87 所示。

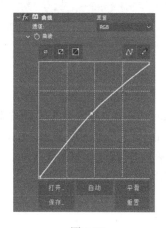

图 8-86

图 8-87

（10）制作碎片阴影效果。在"Final Comp"合成中，把"Shatter"复制一份，重命名为"Shatter Shadow"，放置在"Title Reveal"图层的上面。执行菜单栏中的【效果】→【生成】→【填充】命令，设置【颜色】为黑色。

再执行菜单栏中的【效果】→【模糊和锐化】→【CC Radial Blur】命令，设置【Type】为"Fading Zoom"，【Amount】为"19"，【Center】为"480,-888"，如图 8-88 所示。

在"Final Comp"合成中，把"Shatter Shadow"复制一份，并重命名为"Shatter Shadow2"，放置在"Shatter Shadow"图层的上面。设置【CC Radial Blur】下的【Amount】为"3"。

（11）执行菜单栏中的【图层】→【新建】→【纯色】命令，新建一个黑色纯色图层，放在"Final Comp"合成的最上面，使用工具栏中的【椭圆工具】绘制遮罩，把"相加"改为"相减"，设置【蒙版羽化】为"378"，设置【变换】下面的【不透明度】为"50"，混合模式为"经典颜色加深"，效果如图 8-89 所示。

图 8-88

图 8-89

8.3.4　典型应用：破碎文字

知识与技能

本例主要学习使用蒙版和表达式制作破碎文字效果。

操作步骤

（1）新建项目，导入"metal.jpg"到【项目】窗口，执行菜单栏中的【合成】→【新建合成】命令，创建一个【预设】为"PAL D1/DV"的合成，【合成名称】为"text"，Duration【持续时间】为"0:00:04:00"。

（2）使用工具栏中的【横排文字工具】，在【合成】窗口中单击，输入文字"TRANSFORMERS"，则创建了一个文本图层。在【字符】窗口中设置变形金刚电影专用字体，字体大小为"100"。

选中文本图层，执行菜单栏中的【图层】→【创建】→【从文字创建蒙版】命令，把文字转换为可编辑的矢量，隐藏原来的文本图层，调整矢量文字图层成如图 8-90 所示效果。

（3）把"metal.jpg"从【项目】窗口拖到【时间轴】窗口中矢量文字图层的下面，进行适当的缩放和位置调整，如图 8-91 所示。

图 8-90

图 8-91

选择"metal.jpg"图层，执行菜单栏中的【效果】→【颜色校正】→【曲线】命令，调整整体的明暗度，使对比更明显，适当增加蓝色和绿色，减少红色，使整体呈现蓝绿色，如图 8-92 和图 8-93 所示。

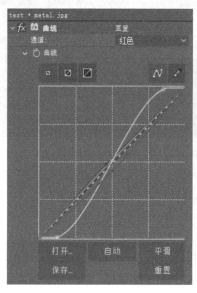

图 8-92 图 8-93

设置矢量文字图层为"metal.jpg"图层的 Alpha 遮罩，这样在文字内部就会出现金属纹理。

（4）在【时间轴】窗口中选择矢量文字图层，按【Ctrl+D】组合键复制一份并显示该图层，将复制后的矢量文字图层放置到原来矢量文字图层的上面；选中新复制的矢量文字图层，修改矢量文字所在纯色图层的颜色为"黑色"；执行菜单栏中的【效果】→【透视】→【斜面 Alpha】命令，在【效果控件】窗口中调整【灯光角度】为"10"，【灯光强度】为"0.8"，【边缘厚度】为"4"，使黑色文字边缘产生白色倒角效果，如图 8-94 和图 8-95 所示。

图 8-94 图 8-95

在【时间轴】窗口中把该矢量文字图层再复制一份，调整【灯光角度】为"85"，使白色倒角出现在另一个方向，把这两个矢量文字图层的混合模式都设置为"相加"，过滤掉黑色，使金属文字更有质感，效果如图 8-96 所示。

（5）执行菜单栏中的【合成】→【新建合成】命令，创建一个"PAL D1/DV"的合成，【合成名称】为"brokenText"，【持续时间】为"0:00:04:00"，把"text"合成从【项目】窗口拖到【时间轴】窗口的该合成中。

（6）选中"text"图层，执行菜单栏中的【效果】→【模拟】→【CC Pixel Polly】命令，文字出现破碎效果。在【效果控件】窗口中设置【Force】作用力为"-83"，使碎块向中间汇集；把【Gravity】重力调为"-0.5"，使碎块向上飞；设置【Direction Randomness】方向随机性为"38%"，【Speed Randomness】速度随机性为"57%"，以获得更真实的效果；设置【Grid Spacing】网格间距为"15"，调整碎块的大小，参数如图 8-97 所示。

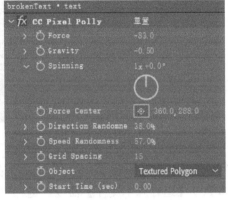

图 8-96　　　　　　　　　　　　　　　　图 8-97

现在的效果是文字整体破碎，而我们希望它逐渐破碎，下面就对这个效果进行修改。在文字层上绘制细长的蒙版，这样文字就只有一部分破碎，如果把文字分割成一个个的局部，那么就能控制破碎的先后顺序，实现逐渐破碎的效果。

（7）为了使文字的每个局部破碎效果不单调，需要对 CC Pixel Polly 的几个主要参数加上表达式，使每部分的动画都是随机的。

按住【Alt】键，单击【Force】左侧的码表，输入表达式"wiggle(0,25)"。其他几个属性的表达式也类似操作，【Direction Randomness】的表达式为"wiggle(0,15)"，【Speed Randomness】的表达式为"wiggle(0,25)"，【Grid Spacing】的表达式为"wiggle(0,7)"，如图 8-98 所示。由于在这里使用了表达式，复制文字图层以后，该图层上的特效参数也相应地出现了变化，这个效果正是我们所希望的。

图 8-98

（8）下面要实现多个图层拼成一个完整的文字。在【时间轴】窗口中选择"text"图层，暂时禁用"text"图层的"CC Pixel Polly"效果，使用工具栏中的【矩形工具】在文字上部绘制一个细长的蒙版，暂时把"蒙版1"模式设为"无"，便于观察蒙版的位置。在0:00:00:00处，单击【蒙版路径】左侧的码表，创建关键帧；在0:00:00:11处，把【蒙版1】移到文字的下部，【蒙版路径】自动创建关键帧，这样就制作了"蒙版1"由上向下运动的动画。再把"蒙版1"模式设为"相加"，效果如图8-99和图8-100所示。

图 8-99   图 8-100

将"text"图层复制11份，从上到下依次选中12个图层，执行菜单栏中的【文件】→【脚本】→【运行脚本文件】命令，运行"Sequencer.jsx"脚本文件，在弹出的对话框中把【Number of frames to offset】（偏移帧数）设置为"1"，让12个图层分别偏移1帧，如图8-101所示。

图 8-101

预览动画，可以看到文字从上到下逐渐出现，但是由于每个图层都有动画，还是看不到一个完整的文字图层。

把当前时间设置为0:00:00:11，可以看到完整的文字，按【M】键将所有图层的蒙版属性展开，单击所有【蒙版路径】左侧的码表，删除所有【蒙版路径】的关键帧，这样所有图层就成了一个完整的文字图层。

启用12个"text"图层的"CC Pixel Polly"效果，预览动画，可以看到文字由下向上开始破碎，而我们希望是由上向下破碎。从下到上依次选中12个图层，执行菜单栏中的【文件】→【脚本】→【运行脚本文件】命令，运行"Sequencer.jsx"脚本文件，在弹出的对话框中把【Number of frames to offset】设置为"1"，让12个图层分别偏移1帧，如图8-102所示。

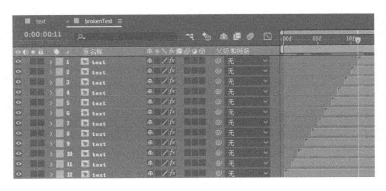

图 8-102

（9）现在预览动画，看到文字由上向下破碎。但是我们希望下面还没有破碎的文字应该保持正常状态。复制第 12 个图层，禁用"CC Pixel Polly"效果，在 0:00:00:00 处，调整蒙版如图 8-103 所示，创建【蒙版路径】关键帧。

在 0:00:00:11 处，把蒙版整体移动到文字的下方，创建【蒙版路径】关键帧，如图 8-104所示。

图 8-103

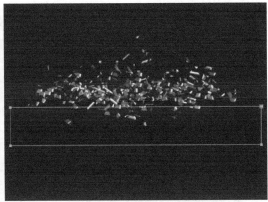

图 8-104

（10）复制第 1 个到第 12 个图层，把复制后的 12 个图层移动到合成的上面。选中第 1个到第 12 个图层，执行菜单栏中的【文件】→【脚本】→【运行脚本文件】命令，运行"Sequencer.jsx"脚本文件，在弹出的对话框中把【Number of frames to offset】设置为"0"。

选中第 1 个到第 12 个图层，执行菜单栏【效果】→【模糊和锐化】→【快速方框模糊】命令，设置【模糊方向】为"垂直"，勾选"重复边界像素"选项，创建【模糊半径】关键帧，在 0:00:00:00 处，【模糊半径】值为"0"；在 0:00:00:15 处，【模糊半径】值为"50"。

（11）由下向上依次选中第 12 个图层到第 1 个图层，执行菜单栏中的【文件】→【脚本】→【运行脚本文件】命令，运行"Sequencer.jsx"脚本文件，在弹出的对话框中把【Number of frames to offset】设置为"1"，让 12 个图层分别偏移 1 帧。

再把第 1 个到第 24 个图层的混合模式设置为"相加"。

（12）下面调整一下，使破碎效果从 0:00:01:00 处开始出现。把上面的 24 个图层整体移动到 0:00:01:00 处，同时把第 25 个图层的两个【蒙版路径】的关键帧也移动到此处，如图 8-105 所示。

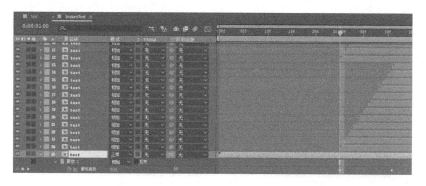

图 8-105

（13）执行菜单栏中的【图层】→【新建】→【调整图层】命令，新建一个调整图层，把它放到合成的最上面。执行菜单栏中的【效果】→【风格化】→【发光】命令，设置调整图层的入点为"0:00:01:00"，这样发光在文字破碎过程才产生效果。设置发光的【颜色A】为淡蓝色，RGB 值为"77,132,215"；【颜色 B】为深蓝色，RGB 值为"21,68,145"；【发光颜色】为"A 和 B 颜色"，【发光维度】为"垂直"，【发光半径】为"80"，参数设置如图 8-106 所示。

选择调整图层，执行【效果】→【颜色校正】→【曲线】命令，适当提高高光区亮度，降低阴影区亮度，如图 8-107 所示。

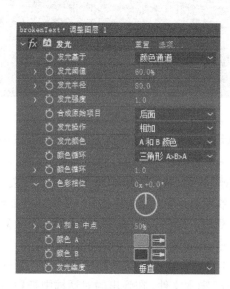

图 8-106

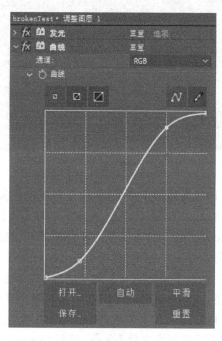

图 8-107

（14）下面模拟镜头的摇晃效果。把"brokenText"合成拖到【项目】窗口底部的【新建合成】按钮上，创建一个新的合成，重命名为"shakeCam"。

执行菜单栏中的【图层】→【新建】→【空对象】命令，新建一个空对象，选中空对象，执行菜单栏中的【效果】→【表达式控制】→【滑块控制】命令，按住【Alt】键，单击空对象图层【位置】左侧的码表，为它添加表达式"wiggle(7,effect("滑块控制")("滑块"))"，为【滑块控制】的【滑块】参数创建关键帧，在 0:00:01:01 处设置【滑块】参数的值为"0"，0:00:01:07 处为"50"，0:00:02:00 处为"10"。设置"brokenText"的父对象为"空 1"，这样通过空对象可以影响破碎文字，达到镜头摇晃的效果。最终效果如图 8-108 所示。

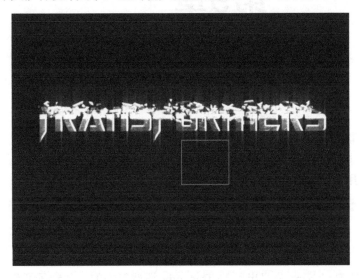

图 8-108

第9章

粒子特效

本章学习目标

◆ 掌握粒子插件的常用参数。

◆ 掌握使用粒子制作下雪、拖尾、线条等效果。

9.1 粒子插件

Particular 是 RedGiant 公司出品的 Trapcode 插件包中的一款粒子插件，它是一个真正意义上的三维粒子系统。使用 Particular 粒子插件可以制作烟花、烟雾、爆炸、火焰等效果。下面介绍 Particular 插件中的几个功能模块。

1. Show Systems（显示系统）

在【Show Systems】下面可以添加多个粒子系统。

2. Emitter（发射器）

（1）【Emitter Behavior】（发射行为）：控制发射器的发射行为，有 "Continuous"（连续发射），"Explode"（爆炸发射），"From Emitter Speed"（来自发射器速度发射）几种行为。

（2）【Particles/sec】（粒子/秒）：控制发射器每秒发射的粒子数量，数值越大，每秒发射的粒子数量就越多。

（3）【Emitter Type】（发射器类型）：

• "Point"（点）：发射器发射出来的粒子是以一个点的形式存在的；

• "Box"（盒子）：发射器发射出来的粒子会形成一个长方体；

• "Sphere"（球体）：发射器发射出来的粒子会形成一个球体；

• "Grid"（网格）：发射器发射出来的粒子会排列成一个网格；

• "Lights"（灯光）：发射器是以灯光层为发射器发射粒子的；

• "Layer"（图层）：发射器是以某个图层为发射器发射粒子的；

• "Layer Grid"（图层网格）：是以某个图层为发射器的，发射的粒子初始位置是以网格形状排列的；

• "OBJ Model"（OBJ 模型）：是以三维模型为发射器的；

• "Text/Mask"（文本/蒙版发射器）：是以文本或者蒙版为发射器的。

（4）【Position】（位置）：发射器的 XYZ 坐标。

（5）【Direction】（方向）：控制发射器发射粒子的方向。

（6）【Direction Spread】（方向扩散）：控制发射器发射粒子的扩散角度，值越大扩散角度越大。

（7）【X/Y/Z Rotation】（X/Y/Z 轴旋转）：控制发射器的旋转角度。

（8）【Velocity】（速度）：发射粒子的速度。

（9）【Velocity Random】（速度随机）：控制发射粒子速度，在指定范围内产生随机变化。

（10）【Velocity From Motion】（继承运动速度）：由于发射器运动惯性带来的速度。

3．Particles（粒子）

（1）【Life】（生命）：粒子的生命，粒子从出生到死亡的周期，以秒为单位。

（2）【Life Random】（生命随机）：控制粒子的生命，在指定范围内产生随机变化。

（3）【Particle Type】（粒子类型）：默认为 "Sphere"（球体），还有 "Glow Sphere (No DOF)"（发光球体（无景深））、"Star(No DOF)"（星形（无景深））、"Cloudlet"（云朵）、"Streaklet"（条纹）、"Sprite"（精灵）、"Sprite Colorize"（精灵着色）、"Sprite Fill"（精灵填充）、"Textured Polygon"（纹理多边形）、"Textured Polygon Colorize"（纹理多边形着色）、"Textured Polygon Fill"（纹理多边形填充）、"Square"（方形）、"Circle(No DOF)"（圆形（无景深））。

（4）【Size】（大小）：粒子的大小。

（5）【Size Random】（大小随机）：控制粒子的大小，在指定范围内产生随机变化。

（6）【Size over Life】（生命期大小）：控制粒子在它从出生到死亡的过程中的大小变化。

（7）【Opacity】（不透明度）：控制粒子的不透明度。

（8）【Opacity Random】（不透明度随机）：控制粒子的不透明度，在指定范围内产生随机变化。

（9）【Opacity over Life】（生命期不透明度）：控制粒子在它从出生到死亡的过程中的不透明度变化。

（10）【Set Color】（设置颜色）：设置粒子的颜色。

- "At Start"（出生时）：设置粒子出生时颜色；
- "Over Life"（生命期）：粒子的颜色在生命期内产生变化；
- "Random from Gradient"（渐变随机）：在渐变颜色中随机设置粒子的颜色；
- "From Light Emitter"（来自灯光发射器）：当灯光作为粒子发射器时，粒子的颜色与灯光颜色一致。

（11）【Color Random】（颜色随机）：控制粒子的颜色，在指定范围内产生随机变化。

（12）【Color over Life】（生命期）：当【Set Color】设置为 "Over Life" 后，可以控制粒子在它从出生到死亡的过程中的颜色。

（13）【Blend Mode】（混合模式）：控制粒子互相叠加时采用何种混合方式。

4．Shading（明暗）

（1）【Shading】（明暗）：设置为 "On" 开，表示灯光对粒子产生影响。

（2）【Light Falloff】（灯光衰减）：控制灯光产生衰减的方式。

（3）【Nominal Distance】（标称距离）：表示灯光到粒子的距离。

（4）【Ambient】（环境）：控制环境对粒子的照明程度。

（5）【Diffuse】（漫反射）：控制粒子漫反射的程度。

5．Physics（物理学）

（1）【Physics Model】（物理学模式）：

• "Air"（空气）：表示粒子受空气影响；

• "Bounce"（反弹）：表示粒子产生反弹效果；

• "Fluid"（流体）：表示粒子产生流体效果。

（2）【Gravity】（重力）：为粒子添加重力影响，数值为正时，重力方向向下；数值为负时，重力方向向上；数值为 0 时，表示粒子不受重力影响。

（3）【Physics Time Factor】（物理学时间因数）：可以控制粒子整体的运动速度，数值为 1 时，按照正常速度；数值大于 1 时，提高粒子运动速度；数值小于 1 时，减慢粒子运动速度。

（4）展开【Air】空气参数。

• 【Motion Path】（运动路径）：控制粒子发射后跟随路径运动。这里需要先创建一个以 "Motion Path" 加数字命名的灯光图层，然后创建灯光图层的位置动画，最后设置【Motion Path】参数，就可以使粒子随灯光一起运动了。

• 【Air Resistance】（空气阻力）：该参数值越大，粒子受到的空气阻力越大，运动越缓慢。

• 【Air Resistance Rotation】（空气阻力旋转）：表示粒子是否受空气阻力旋转。

• 【Spin Amplitude】（自旋振幅）：控制粒子运动过程中产生旋转效果，值越大旋转效果越明显。

• 【Spin Frequency】（自旋频率）：控制粒子运动过程中旋转的频率。

• 【Fade-in Spin】（自旋淡入）：自旋时淡入的时间。

• 【Wind X/Y/Z】（风力 X/Y/Z）：控制 *X/Y/Z* 轴上的风力。

• 【Visualize Fields】（可视化场）：是否在合成中显示场。

• 【Turbulence Field】（湍流场）：控制对粒子产生扰乱效果，使粒子运动更加不规则。

• 【Spherical Field】球形场：使粒子产生球形膨胀或收缩的效果。

（5）展开【Bounce】反弹参数。

• 【Floor Layer】（地板图层）：设置作为地板的图层。

• 【Floor Mode】（地板模式）：
   ✓ "Infinite Plane"：表示地板是无限大的；
   ✓ "Layer Size"：表示地板就是指定的地板图层的大小；
   ✓ "Layer Alpha"：表示地板就是指定的地板图层的 Alpha。

• 【Wall Layer】（墙壁图层）：设置作为墙壁的图层。

• 【Wall Mode】（墙壁模式）：
   ✓ "Infinite Plane"：表示墙壁是无限大的；
   ✓ "Layer Size"：表示墙壁就是指定的墙壁图层的大小；
   ✓ "Layer Alpha"：表示墙壁就是指定的墙壁图层的 Alpha。

• 【Collision Event】（碰撞事件）：控制粒子与地面或墙面碰撞后产生的事件。
   ✓ "Bounce"：表示粒子碰撞后产生反弹；
   ✓ "Slide"：表示粒子碰撞后产生滑行；

✓ "Stick"：表示粒子碰撞后产生黏附；

✓ "Kill"：表示粒子碰撞后消失。

• 【Bounce】（反弹）：控制粒子碰撞后的反弹值。

• 【Bounce Random】（反弹随机）：控制粒子碰撞后的反弹随机值。

• 【Slide】（滑行）：控制粒子碰撞后的滑行值。

（6）展开【Fluid】流体参数。

• 【Fluid Force】（流体力）：

✓ "Beoyancy & Swirl Only"：表示仅浮力和漩涡；

✓ "Vortex Ring"：表示涡流环；

✓ "Vortex Tube"：表示涡流管。

• 【Apply Force】（应用力）：

✓ "Continuously"：表示持续应用力；

✓ "At Start"：表示在粒子出生时应用力。

• 【Force Relative Position】（力相对位置）：应用力的相对位置。

• 【Force Region Size】（力区域大小）：应用力的范围。

• 【Buoyancy】（浮力）：浮力的大小。

• 【Random Swirl】（漩涡随机）：$X/Y/Z$ 轴同时调整，或分开调整。

• 【Random Swirl XYZ】（漩涡随机 XYZ）：$X/Y/Z$ 轴的漩涡随机值。

6．Aux System（辅助系统）

（1）【Emit】（发射）：该辅助系统是在原来发射的粒子的基础上产生新的粒子。

• "At Bounce Event"：表示粒子发生碰撞反弹事件会产生新的粒子；

• "Continously"：表示以粒子为发射器连续发射新的粒子。

（2）【Emit Probability】（发射概率）：控制原来的粒子产生新粒子的概率。

（3）【Start Emit】（开始发射）：该值为在粒子生命的设定值处开始发射粒子。

（4）【Stop Emit】（停止发射）：该值为在粒子生命的设定值处停止发射粒子。

（5）【Particles/sec】（粒子/秒）：控制产生新粒子每秒的粒子数量。

（6）【Particle Velocity】（粒子速度）：产生新粒子的速度。

（7）【Inherit Main Velocity】（继承主体速度）：从主体粒子处继承的速度。

（8）【Life】（生命）：控制新粒子的生命期。

（9）【Life Random】（生命随机）：控制新粒子的生命期，在指定范围内产生随机变化。

（10）【Type】（类型）：新粒子的类型，设置为 "Inherit from Main"，表示新粒子与主粒子的类型一致。其他粒子类型与【Particles】参数下面的设置相同。

（11）【Feather】（羽化）：新粒子的羽化值。

（12）【Blend Mode】（混合模式）：控制粒子互相叠加时采用何种混合方式。

（13）【Size】（大小）：控制新粒子的大小。

（14）【Size Random】（大小随机）：控制新粒子的大小，在指定范围内产生随机变化。

（15）【Size over Life】（生命期大小）：控制新粒子在它从出生到死亡的过程中的大小变化。

（16）【Rotation】（旋转）：控制新粒子的旋转轴、旋转速度等。

（17）【Opacity】（不透明度）：控制新粒子的不透明度。

（18）【Opacity Random】（不透明度随机）：控制新粒子的不透明度，在指定范围内产生随机变化。

（19）【Opacity over Life】（生命期不透明度）：控制新粒子在它从出生到死亡的过程中的不透明度变化。

（20）【Set Color】（设置颜色）：设置粒子的颜色。

• "At Start"（出生时）：设置粒子出生时颜色；

• "Over Life"（生命期）：粒子的颜色在生命期内产生变化；

• "Random from Gradient"（渐变随机）：在渐变颜色中随机设置粒子的颜色。

（21）【Color From Main】（颜色来自主体）：控制新粒子颜色来自主体粒子颜色的继承值。

（22）【Color Random】（颜色随机）：控制新粒子颜色，在指定范围内产生随机变化。

（23）【Color over Life】（生命期颜色）：控制新粒子在它从出生到死亡的过程中的颜色变化。

（24）【Gravity】（重力）：控制新粒子受到的重力。

（25）【Physics(Air & Fluid mode only)】（物理学（仅限空气和流体模式））：控制新粒子的空气阻力、风力影响、扰乱位置。

7．Global Fluid Controls（全局流体控制）

（1）【Fluid Time Factor】（流体时间因子）：可以控制流体的运动速度。

（2）【Viscosity】（黏度）：控制流体粒子之间的黏度。

（3）【Simulation Fidelity】（模拟逼真度）：值越大，流体模拟越逼真。

8．World Transform（全局变换）

（1）【X/Y/Z Rotation W】（X/Y/Z 旋转全局）：在全局坐标中的旋转角度。

（2）【X/Y/Z Offset W】（X/Y/Z 偏移全局）：在全局坐标中的偏移值。

9．Visibility（可见性）

（1）【Far Vanish】（远处消失）：控制粒子远处消失的距离值。

（2）【Far Start Fade】（远处开始衰减）：控制粒子远处开始衰减的距离值。

（3）【Near Start Fade】（近处开始衰减）：控制粒子近处开始衰减的距离值。

（4）【Near Vanish】（近处消失）：控制粒子近处消失的距离值。

（5）【Obscuration Layer】（遮蔽层）：设置粒子被遮挡的图层。

（6）【Also Obscure with】（遮蔽隐藏方式）：设置粒子被遮挡隐藏的方式，包括"Layer Emitter"（图层发射）、"Floor"（地板）、"Wall"（墙壁）、"Floor Wall"（地板和墙壁）、"All"所有。

10．Rendering（渲染）

（1）【Render Mode】（渲染模式）：包括全部渲染和运动预览。

（2）【Acceleration】（加速）："CPU"和"GPU"两种渲染模式。

（3）【Depth of Field】（景深）：根据"Camera Settings"摄像机设置景深。

（4）【Motion Blur】（运动模糊）：设置粒子的运动模糊参数。

9.2 边学边做：圣诞树

本例主要学习使用 Particular 插件制作圣诞树，熟悉 Particular 插件的参数。

9.2.1 创建圣诞树

（1）新建项目，导入"snowflakes.mov"到【项目】窗口中，执行菜单栏中的【合成】→【新建合成】命令，在弹出的【合成设置】对话框中，设置【合成名称】为"ChristmasTree"，在【预设】下拉列表中选择"HDV/HDTV 720 25"，设置 Duration【持续时间】为"0:00:10:00"。

（2）执行菜单栏中的【图层】→【新建】→【灯光】命令，新建一个点光源，【名称】为"点光 1"，【灯光类型】为"点"，【颜色】为淡黄绿色，RGB 值为"240,255,200"。

（3）执行菜单栏中的【图层】→【新建】→【摄像机】命令，新建一个摄像机，【名称】为"摄像机 1"，【预设】为"35 毫米"。

（4）执行菜单栏中的【图层】→【新建】→【纯色】命令，在弹出的对话框中设置【名称】为"Particular Tree"。

（5）选中"Particular Tree"图层，执行菜单栏中的【效果】→【RG Trapcode】→【Particular】命令，展开【Emitter（Master）】（主发射器），设置【Direction】为"Disc"，发射方向为圆盘状发射，【Direction Spread】为"0"，【X Rotation】为"90"，使粒子平行地面向四周发射。

用【Particles/sec】（每秒发射粒子数量）、【Position】（主发射器位置）、【Velocity】（速度）、【Velocity from Motion】（由继承运动速度）设置关键帧动画，在 0:00:00:00 处，设置【Particles/sec】值为"175"，【Position】值为"640.0,640.0,0.0"，【Velocity】值为"65.0"，【Velocity from Motion】值为"5.0"，设置的参数如图 9-1 所示。

在 0:00:04:00 处，设置【Particles/sec】值为"0"，【Position】值为"640.0,150.0,0.0"，【Velocity】值为"0.0"，【Velocity from Motion】值为"20.0"，设置的参数如图 9-2 所示。

使粒子向上发射，发射粒子数量逐渐减为 0，发射速度逐渐减为 0，形成圣诞树形状，效果如图 9-3 所示。

展开【Particle（Master）】（主粒子），设置【Life】为"10.0"，增加粒子的生命时间，使它产生较长的拖尾；【Size】为"1.0"，减小粒子大小；【Set Color】为"Random from Gradient"，使粒子颜色从渐变色中随机取值；【Color over Life】为渐变色，从左至右 RGB 值分别为"34,157,34""4,84,4"，参数设置如图 9-4 所示。

展开【Shading（Master）】（主着色器），设置【Shading】（明暗）为"On"，【Nominal Distance】（标称距离）为"220.0"，【Diffuse】（漫反射）为"100.0"，参数设置如图 9-5 所示。

展开【Physics（Master）】（主物理学），设置【Air Resistance】（空气阻力）为"0.1"，【Spin Amplitude】（自旋振幅）为"15.0"，【Fade-in Spin】（自旋淡入）为"0.5"，把当前时

间设置为 0:00:03:00，单击【Physics Time Factor】（物理时间因子）参数左边的码表，设置值为 "1.0"，创建关键帧，在 0:00:04:00 处设置值为 "0.0"，使圣诞树形状在 4 秒以后不再发生变化，参数设置如图 9-6 所示。

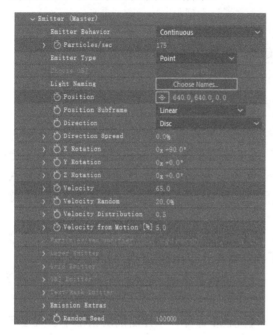

图 9-1

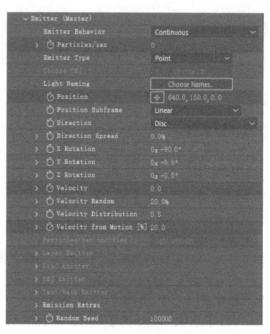

图 9-2

图 9-3

图 9-4

展开【Aux System（Master）】（主辅助系统），设置【Emit】为 "Continuously"，使发射的粒子作为发射器继续发射粒子；【Particles/sec】为 "70"，增加每秒发射的粒子数量；【Life】为"6.0"，增加每个粒子的生命时间；【Particle Velocity】为"5.0"；设置【Size over life】曲线；设置【Color from Main】为"100%"，参数设置如图 9-7 所示，效果如图 9-8 所示。

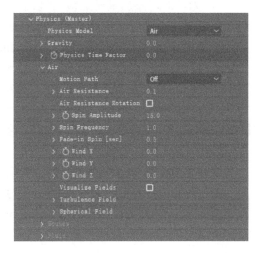

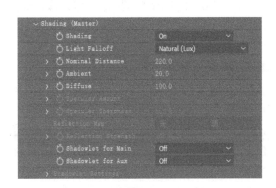

图 9-5

图 9-6

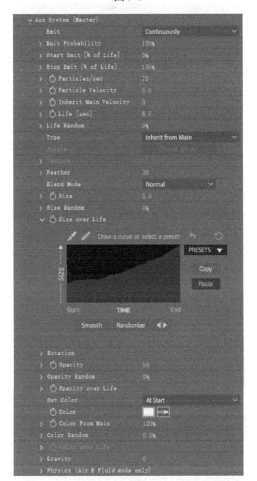

图 9-7

图 9-8

9.2.2 创建星光

操作步骤

（1）为圣诞树添加星光点缀。在【时间轴】窗口中选择"Particular Tree"图层，按【Ctrl+D】组合键复制一个图层，重命名为"Particular Tree Glow"。

在【效果控件】窗口中展开"Particular Tree Glow"图层上"Particular"的【Particle（Master）】参数，设置【Particle Type】粒子类型为"Glow Sphere"（发光球体）；【Size】为"2.0"；【Color over Life】为渐变色，从左至右 RGB 值分别为"255,128,255""104,251,204""255,128,191""41,170,44""98,88,65"；设置【Glow】（辉光）下面的【Size】为"500"；【Blend Mode】（混合模式）为"Add"，参数设置如图 9-9 所示。

展开【Shading（Master）】（主明暗），设置【Shading】为"Off"。

展开【Aux System（Master）】（主辅助系统），设置【Emit Probability】（发射随机概率）为"15"，【Particles/sec】为"3"，【Size】为"2.0"，【Opacity】不透明度为"100"，【Set Color】为"Random from Gradient"，【Color over Life】为渐变色，从左至右 RGB 值分别为"112,11,127""113,80,33""58,188,231""58,177,45""143,16,209"，参数设置如图 9-10 所示。

图 9-9

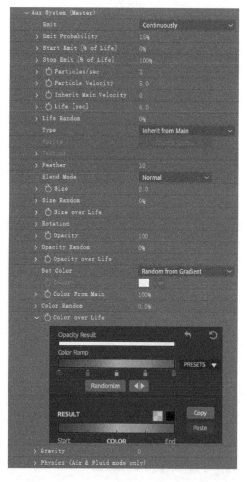

图 9-10

（2）为圣诞树添加辉光。选中"Particular Tree Glow"图层，执行菜单栏中的【效果】
→【RG Trapcode】→【Starglow】命令，设置【Streak Length】条纹长度为"5.0"，效果如
图 9-11 所示。

（3）制作圣诞树顶端的五角星。在不选中任何图层的情况下，使用工具栏中的【星形
工具】绘制一个五角星，会生成一个名为"形状图层 1"的形状图层，设置五角星【填充
色】为黄色，【Stroke】（描边）为白色，在【时间轴】窗口中开启"形状图层 1"的"3D
图层"开关，把它转换为三维图层。

把五角星移动到圣诞树的顶端。使用工具栏中的【向后平移（锚点）工具】把锚点
设置在五角星的中心位置。制作五角星的【缩放】动画，在 0:00:04:00 处，单击【缩放】
左侧的码表，创建关键帧，设置【缩放】值为"0.0,0.0,0.0%"；在 0:00:04:08 处，【缩放】
值为"130.0,130.0,130.0%"；在 0:00:04:12 处，【缩放】值为"120.0,120.0,120.0%"，效果如
图 9-12 所示。

图 9-11

图 9-12

（4）在【时间轴】窗口中选择"形状图层 1"图层，
执行菜单栏中的【效果】→【风格化】→【发光】命令，
添加发光效果，设置【发光半径】为"30"。

（5）选中"形状图层 1"图层，执行菜单栏中的【效
果】→【RG Trapcode】→【Starglow】命令，设置【Streak
Length】（条纹长度）为"12.0"，【Boost Light】（提升
亮度）为"2.0"，【Colormap A】下面的【Highlights】
（高光）的 RGB 值为"255,255,255"，【Midtones】（中
间调）的 RGB 值为"255, 166,0"，【Shadows】（阴影）
的 RGB 值为"255,156,0"；设置 Colormap B 下面的
【Highlights】的 RGB 值为"255,255,255"，【Midtones】
的 RGB 值为"255,166,0"，【Shadows】的 RGB 值为
"255,156,0"，如图 9-13 所示。

（6）在【时间轴】窗口中设置"Particular Tree"
"Particular Tree Glow""形状图层 1"图层的入点为
"0:00:01:10"，把它们整体向右移动，使圣诞树效果
在 0:00:01:10 处开始出现。

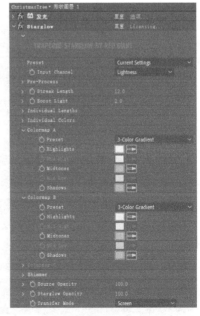

图 9-13

9.2.3 制作下雪效果

→ **操作步骤**

（1）执行菜单栏中的【图层】→【新建】→【纯色】命令，在弹出的对话框中设置【名称】为"Particular snowfall"。

（2）选中"Particular snowfall"图层，执行菜单栏中的【效果】→【RG Trapcode】→【Particular】命令。

展开【Emitter（Master）】（主发射器），设置【Particles/sec】为"50"；为了使发射的粒子具有一定的体积感，设置【Emitter Type】（发射器类型）为"Box"盒子，【Emitter Size X】为"1500"，【Emitter Size Y】为"1500"，【Emitter Size Z】为"50"，【Position】位置为"640.0,-100.0,0.0"；为了使粒子向下发射，设置【Direction】为"Directional"定向，【X Rotation】（X轴旋转）为"-90°"，Velocity 为"60.0"，参数设置如图 9-14 所示。

展开【Particle（Master）】主粒子，设置【Life】为"10.0"，【Particle Type】为"Textured Polygon"。把"snowflakes.mov"从【项目】窗口中拖到【时间轴】窗口的合成中，把它作为发射的雪花，该图层本身不需要显示，因此要隐藏该图层。在【Texture】纹理下面的【Layer】图层参数中选择"snowflakes.mov"，设置【Time Sampling】时间采样为"Random-Still Frame"（随机-静止帧），【Rotation】旋转下面的【Random Rotation】（随机旋转）为"75.0"，【Random Speed Rotate】（随机速度旋转）为"3.0"，【Size】（大小）为"3.0"，【Size Random】（大小随机性）为"50.0%"，参数设置如图 9-15 所示，最终效果如图 9-16 所示。

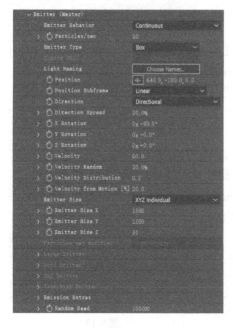

图 9-14

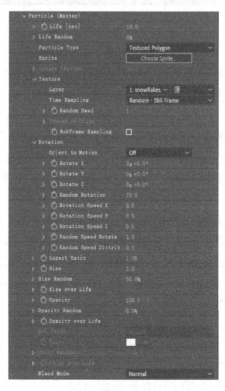

图 9-15

图 9-16

9.3 典型应用：唯美粒子片头

➡ **知识与技能**

本例主要学习灯光作为 Particular 插件的发射器，制作拖尾的效果。

9.3.1 制作圆形轨迹

➡ **操作步骤**

（1）新建项目，执行菜单栏中的【合成】→【新建合成】命令，在弹出的【合成设置】对话框中，设置【合成名称】为 "Final Comp"，【预设】为 "HDV/HDTV 720 25"，【持续时间】为 "0:00:06:00"，【背景颜色】为黑色。

（2）执行菜单栏中的【图层】→【新建】→【纯色】命令，新建一个纯色图层，在弹出的对话框中，设置【名称】为 "particle circle"。

在【时间轴】窗口中选择 "particle circle" 图层，执行菜单栏中的【效果】→【RG Trapcode】→【Particular】命令，添加粒子效果。

（3）执行菜单栏中的【图层】→【新建】→【纯色】命令，新建一个纯色图层，名称为 "circle"，其余参数为默认值。

使用工具栏中的【椭圆工具】，按住【Shift】键在纯色图层上绘制一个蒙版，如图 9-17 所示。

（4）执行菜单栏中的【图层】→【新建】→【灯光】命令，创建一个点光源。注意，灯光的名称一定要用 "Emitter"，以便在后面把灯光设置为粒子的发射器。

图 9-17

（5）在【时间轴】窗口中展开 "circle" 图层的蒙版，选择【蒙版路径】，按【Ctrl+C】复制。展开 "Emitter" 图层下面的【变换】，选择【位置】属性，按【Ctrl+V】粘贴。"circle" 图层的作用就是用来制作蒙版的，现在可以将其删除了。播放预览，可以看到灯光沿圆周运动。

把"Emitter"图层的【位置】属性的最后一个关键帧移到"0:00:03:00"处，作为灯光移动的结束帧，如图 9-18 所示。

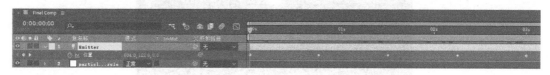

图 9-18

（6）在【时间轴】窗口中选择"particle circle"图层，在【效果控件】窗口中展开【Particular】下面的【Emitter（Master）】，设置【Emitter Type】为"Lights(s)"，把灯光作为发射器发射粒子。

播放预览，发射器沿圆周运动发射粒子，但是发射的粒子非常散乱。设置【Velocity】为"25.0"，【Velocity from Motion】（继承运动速度）为"15.0"，【Emitter Size XYZ】发射器 X/Y/Z 三个轴向的大小为"50"，这时播放预览，发射的粒子可以形成一个圆形，如图 9-19 所示。

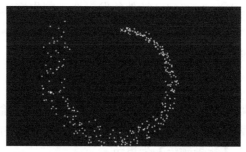

图 9-19

9.3.2 制作拖尾

➡ 操作步骤

（1）下面要制作粒子的细长的拖尾效果。展开【Aux System（Master）】，设置【Emit】的值为"Continuously"，使粒子作为发射器再连续发射粒子。设置【Particles/sec】为"100"，增加粒子数量，使发射的粒子形成线状；【Life】为"5.0"，增加粒子线状拖尾的长度；【Size】为"1.5"，使粒子拖尾变细。展开【Physics（Air & Fluid mode only）】，设置下面的【Turbulence Position】为"90"，使粒子拖尾产生扭曲，效果如图 9-20 所示。

图 9-20

（2）设置【Set Color】为"Over Life"，使颜色随生命期变化；【Color over Life】为淡紫色到深紫色的渐变，RGB 值从左到右分别为"255,128,191""255,128,255""161,0,255"。设置【Opacity】为"50"，绘制【Opacity over Life】为向上坡度，设置【Blend Mode】为"Screen"屏幕，使粒子叠加时变亮，把【Particle（Master）】下面的【Size】设置为"0.0"，隐藏原主粒子，如图 9-21 和图 9-22 所示。

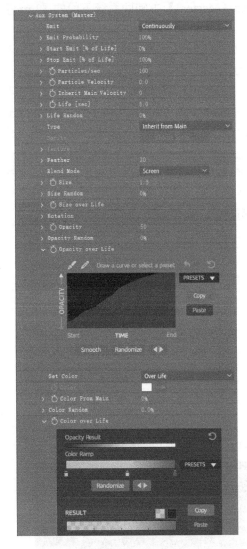

图 9-21   图 9-22

（3）现在还存在一些问题，当灯光在 0:00:03:00 处停留下来时，还在不断发射粒子，导致粒子在灯光位置聚集成一团。在【时间轴】窗口中把当前时间设置为 0:00:03:00，在【效果控件】窗口中单击【Emitter（Master）】下面的【Particles/sec】左侧的码表，创建一个关键帧，设置值为"0"，把当前时间设置为 0:00:02:15，设置值为"100"，创建一个关键帧，使发射粒子数逐渐减少到 0。

9.3.3 制作梦幻粒子

操作步骤

（1）在【时间轴】窗口中把"particle circle"图层复制一份，重命名上面的图层为"particle flash 1"，在【效果控件】窗口中设置【Aux System（Master）】主辅助系统下面的【Emit】为"Off"，关闭辅助系统发射粒子。

（2）展开【Particle（Master）】，设置【Life】为"2.0"，【Particle Type】为"Glow Sphere(No DOF)"（发光球体），【Sphere Feather】（球体羽化）为"20.0"，【Size】为"4.0"，【Size Random】为"100.0"，使粒子大小产生随机变化；【Opacity Random】为"100.0"，使粒子的不透明度产生变化，设置【Set Color】为"Random from Gradient"，颜色随机渐变；【Color Random】随机颜色为"15.0"，【Color over Life】同前面的设置，绘制【Opacity over Life】曲线，使粒子产生闪烁效果，如图 9-23 所示。

（3）在【时间轴】窗口中选中"particle flash 1"图层，执行菜单栏中的【效果】→【风格化】→【发光】命令，在【效果控件】窗口中设置【发光阈值】为"70.0"，【发光半径】为"120.0"，设置"particle flash 1"图层的【不透明度】为"70"，效果如图 9-24 所示。

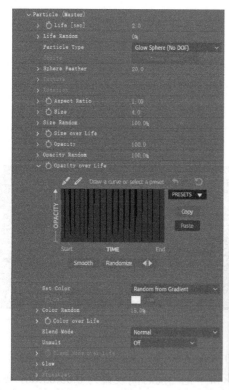

图 9-23

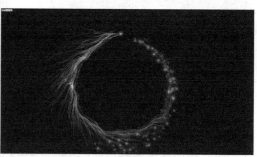

图 9-24

（4）在【时间轴】窗口中把"particle flash 1"图层复制一份，重命名上面的图层为"particle flash 2"。

在【效果控件】窗口中，展开【Particular】下面的【Particle（Master）】，设置【Life】为"1.0"，【Size】为"10.0"。

展开【发光】，设置【发光阈值】为"60.0"，【发光半径】为"100.0"，【发光强度】为"0.3"，效果如图 9-25 所示。

图 9-25

9.3.4　制作定版文字

操作步骤

（1）使用工具栏中的【横排文字工具】，创建一个文本图层，输入文字"春节"，在【字符】窗口中设置文字字体为"隶书"，大小为"150"像素，填充颜色 RGB 值为"246,71,232"，描边颜色为白色。

（2）在【时间轴】窗口中选择"春节"图层，展开【文本】属性，勾选【动画】弹出菜单里的【启用逐字 3D 化】选项。文本 3D 化后，由于受灯光的影响，文本变黑看不见，把【材质选项】里的【接受阴影】和【接受灯光】都设置为"关"。

执行【文本】右侧【动画】弹出菜单里的【位置】命令，为文本添加位置动画，展开"范围选择器 1"，把当前时间设置为 0:00:02:15，单击【起始】参数左侧的码表，创建一个关键帧，值为"0%"；把当前时间设置为 0:00:03:00，设置【起始】参数的值为"100%"，设置"动画制作工具 1"下面的【位置】值为"0.0,0.0,-600.0"。播放预览，文字从左到右逐渐缩小。

再执行"动画制作工具 1"右侧的【添加】弹出菜单里的【属性】→【不透明度】命令，设置【不透明度】为"0%"。播放预览，文字从左到右逐渐出现。

（3）使用工具栏中的【横排文字工具】，创建一个文本图层，输入文字"The Spring Festival"，在【字符】窗口设置文字字体为"隶书"，大小为"40"像素，填充颜色 RGB 值为"246,71,232"，描边颜色为无。

（4）在【时间轴】窗口中展开"The Spring Festival"图层的【文本】，执行【动画】弹出菜单中的【不透明度】命令，设置【不透明度】值为"0"，展开"范围选择器 1"，把当前时间设置为 0:00:03:00，单击【起始】参数左侧的码表，创建一个关键帧，值为"0"；把当前时间设置为 0:00:04:00，设置【起始】参数值为"100"，如图 9-26 所示。

图 9-26

9.4 典型应用：粒子出字

知识与技能

本例主要学习使用 Particular 插件制作粒子及粒子线条的效果。

9.4.1 制作光晕动画

操作步骤

（1）新建项目，执行菜单栏中的【合成】→【新建合成】命令，在弹出的【合成设置】对话框中，设置【合成名称】为 "Final Comp"，【预设】为 "PAL D1/DV"，【持续时间】为 "0:00:10:00"，【背景颜色】为黑色。

（2）执行菜单栏中的【文件】→【项目设置】命令，在弹出的对话框中设置颜色深度为 "每通道 16 位"，如图 9-27 所示。

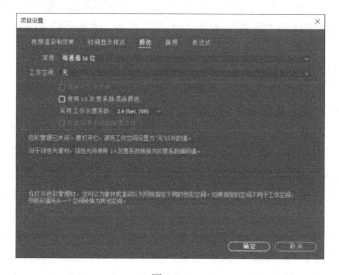

图 9-27

（3）执行菜单栏中的【图层】→【新建】→【纯色】命令，新建一个纯色图层，在弹出的对话框中，设置【名称】为 "particle 1"。

在【时间轴】窗口中选择 "Particle" 图层，执行菜单栏中的【效果】→【RG Trapcode】→【Particular】命令，添加粒子效果。

（4）执行菜单栏中的【图层】→【新建】→【纯色】命令，新建一个纯色图层，在弹出的对话框中，设置【名称】为 "lens flare"，【颜色】为黑色。

在【时间轴】窗口中选择 "lens flare" 图层，执行菜单栏中的【效果】→【生成】→【镜头光晕】命令。

把当前时间设置为 0:00:00:00，在【效果控件】窗口中单击【光晕中心】左侧的码表，创建关键帧，移动光晕的中心到画面左边，设置【光晕中心】的值为 "140.0,288.0"，效果如图 9-28 所示。

把当前时间设置为 0:00:01:15，移动光晕的中心到画面右边，设置【光晕中心】的值为
"600.0,288.0"，自动创建一个关键帧，效果如图 9-29 所示。

图 9-28

图 9-29

下面调整光晕的亮度，形成光晕淡入淡出的效果。把当前时间设置为 0:00:00:00，在【效
果控件】窗口中单击【光晕亮度】左侧的码表，创建关键帧，设置参数值为 "0%"。把当
前时间设置为 0:00:01:00，设置参数值为 "100%"，自动创建一个关键帧。把当前时间设置
为 0:00:01:15，设置参数值为 "0%"，自动创建一个关键帧。

（5）在【时间轴】窗口中把 "lens flare" 图层放置到 "particle 1" 图层的上面，设置 "lens
flare" 图层的图层混合模式为 "屏幕"，把 "lens flare" 图层的黑色背景过滤掉。

（6）在【时间轴】窗口中选择 "lens flare" 图层，按【U】键显示它下面添加关键帧的
属性。再选择 "particle 1" 图层，展开它下面的【Emitter（Master）】，按住【Alt】键，单
击【Position】位置左侧的码表，为发射器的位置添加一个表达式，拖动【Position】表达式
右侧的橡皮筋，使它指向【镜头光晕】下面的【光晕中心】参数，这样粒子发射器会跟随
光晕一起移动，如图 9-30 所示。

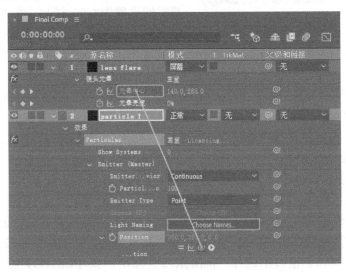
图 9-30

9.4.2 制作粒子效果

操作步骤

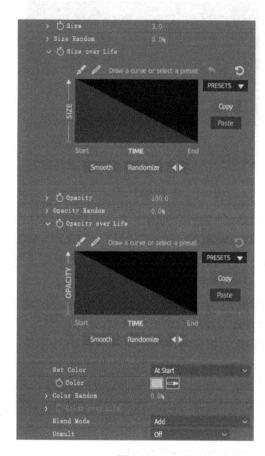

图 9-31

（1）在【时间轴】窗口选择"particle 1"图层，在【效果控件】窗口设置【Particular】粒子效果下面的参数。

展开【Emitter（Master）】，设置【Particles/sec】的值为"450"，增加发射的粒子数。

（2）展开【Particle（Master）】，设置【Size】为"3.0"，绘制【Size over Life】曲线，使粒子的大小从出生到死亡逐渐由大变小；绘制【Opacity over Life】曲线，使粒子的不透明度从出生到死亡由不透明逐渐变为透明。设置【Color】为蓝色，RGB 值为"#00FFFF"，设置【Blend Mode】为"Add"，使粒子重叠时变得更亮，如图 9-31 所示。

（3）展开【Physics（Master）】→【Air】→【Turbulence Field】，设置【Affect Position】为400，增加湍流场对粒子位置的影响。

（4）展开【Rendering】渲染，把【Motion Blur】设为"On"，开启粒子的运动模糊效果。

（5）播放预览，当粒子发射器移动到画面右边后，粒子仍然在不断地发射出来，这里只需要对【Particles/sec】设置关键帧即可。把当前时间设置为 0:00:01:15，在【效果控件】窗口中，单击【Particles/sec】左侧的码表，设置值为"450"；把当前时间设置为 0:00:01:16，设置【Particles/sec】的值为"0"，自动创建一个关键帧，使它不再发射粒子。

（6）在【时间轴】窗口中选择"particle 1"图层，按【Ctrl+D】组合键复制一份，增加粒子的亮度，效果如图 9-32 所示。

（7）在【时间轴】窗口中选择"particle 1"图层，按【Ctrl+D】组合键复制一份，并重命名为"particle 2"。

在【时间轴】窗口中选择"particle 2"图层，在【效果控件】窗口中，展开【Particular】下面的【Particle（Master）】，设置【Color】为橙色，RGB 值为"#FF8400"。

把当前时间设置为 0:00:01:15，展开【Emitter（Master）】，设置【Particles/sec】为"500"，使橙色粒子发射数量稍微区别于蓝色粒子。单独显示该层，效果如图 9-33 所示。

（8）在【时间轴】窗口中选择"particle 2"图层，按【Ctrl+D】组合键复制一份，并重命名为"particle 3"。

 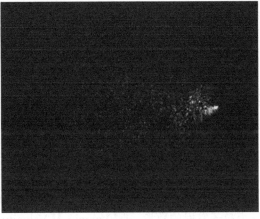

图 9-32   图 9-33

在【时间轴】窗口中选择"particle 3"图层，把当前时间设置为 0:00:01:15，在【效果控件】窗口中，展开【Emitter（Master）】，设置【Particles/sec】为"800"，增加【Velocity Random】为"100.0%"，增加【Velocity from Motion】为"30.0%"，如图 9-34 所示。

展开【Particle（Master）】，设置【Life】为"3.5"。展开【Physics（Master）】，设置【Affect Position】的值为"250.0"。

（9）在【时间轴】窗口中选择"particle 3"图层，按【Ctrl+D】组合键复制一份，并重命名为"big particle"。

把当前时间设置为 0:00:01:05，展开【Emitter（Master）】，设置【Particles/sec】的值为"200"，减少每秒发射的粒子数，【Velocity Random】为"20.0%"，【Velocity from Motion】为"20.0%"，如图 9-35 所示。

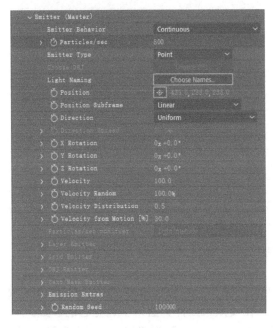 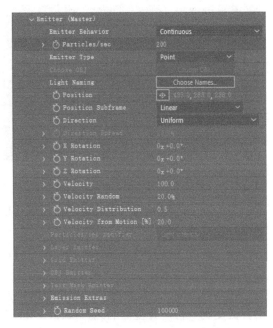

图 9-34   图 9-35

展开【Particle（Master）】，设置【Life】为"3.0"，【Size】为"6.0"，增加粒子的大小，

设置【Color】为浅蓝色，RGB 值为"#9CE3F8"，如图 9-36 所示。

展开【Physics（Master）】，设置【Affect Position】为"0"，使粒子不受湍流场的影响。

9.4.3　制作粒子线条效果

➡ **操作步骤**

（1）在【时间轴】窗口中选择"particle 3"图层，按【Ctrl+D】组合键复制一份，并重命名为"particle line"。

把当前时间设置为 0:00:01:15，展开【Emitter（Master）】，设置【Particles/sec】为"600"，减少粒子发射的数量，把【Velocity】【Velocity Random】【Velocity Distribution】【Velocity from Motion】都设置为"0"，如图 9-37 所示。播放预览可以看到粒子线条的效果。

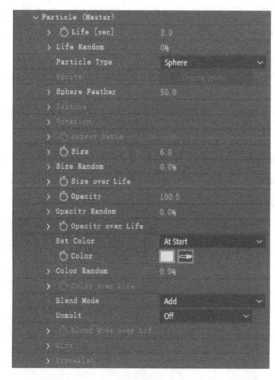

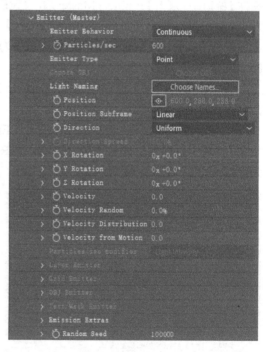

图 9-36　　　　　　　　　　　　　　　　　图 9-37

（2）展开【Particle（Master）】，设置【Life】为"4.0"，【Size】为"1.5"，减小粒子的大小，使粒子线条变得细一些。

（3）展开【Physics（Master）】，设置【Affect Position】为"200"，减少湍流场对粒子位置的影响，效果如图 9-38 所示。

（4）再添加一些粒子线条。在【时间轴】窗口中选择"particle line"图层，按【Ctrl+D】组合键复制一份，并重命名为"particle line 2"，在【效果控件】窗口中调整它的参数。

展开【Emitter（Master）】，设置【Velocity from Motion】为"30.0"。展开【Physics（Master）】，设置【Affect Position】为"700"。

在【时间轴】窗口中选择"particle line 2"图层，按【Ctrl+D】组合键复制一份，并重命名为"particle line 3"。展开【Physics（Master）】，设置【Affect Position】为"1000"。

在【时间轴】窗口中选择"particle line 3"图层，按【Ctrl+D】组合键复制一份，并重命名为"particle line 4"。展开【Emitter（Master）】，设置【Particles/sec】为"300"，减少粒子发射数量；展开【Particle（Master）】，设置【Size】为"0.8"；展开【Physics（Master）】，设置【Affect Position】为"30"。效果如图 9-39 所示。

 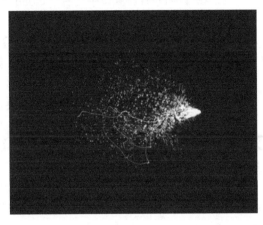

图 9-38   图 9-39

播放预览，发现粒子线条有模糊的效果，这里需要把"particle line"～"particle line4"4 个粒子线条图层【Particular】效果【Rendering】渲染下面的【Motion Blur】运动模糊都设为"Off"。

（5）下面调整一下镜头光晕的颜色。在【时间轴】窗口中选择"lens flare"图层，执行菜单栏中的【效果】→【颜色校正】→【色相/饱和度】命令，在【效果控件】窗口中勾选"彩色化"选项，设置【着色色相】为"200.0"，使光晕颜色为蓝色；设置【着色饱和度】为"50"，增加光晕的饱和度。0:00:01:00 处效果如图 9-40 所示。

图 9-40

9.4.4 制作云雾效果

操作步骤

（1）执行菜单栏中的【图层】→【新建】→【纯色】命令，新建一个纯色图层，颜色为黑色，命名为"cloud fog"。

（2）在【时间轴】窗口中选择"cloud fog"图层，执行菜单栏中的【效果】→【杂色和颗粒】→【分形杂色】命令。

在【效果控件】窗口中设置【对比度】为"200.0"，提高对比度；设置【亮度】为"-50.0"，降低亮度。按住【Alt】键，单击【演化】左侧的码表，输入双引号中的表达式"time*100"，使分形杂色随时间产生变化。

现在制作分形杂色从左向右移动的效果。把当前时间设置为0:00:00:00，单击【变换】下面的【偏移（湍流）】左侧的码表，值为"360.0,288.0"，创建关键帧；把当前时间设置为0:00:05:00，设置【变换】下面的【偏移（湍流）】的值为"702.0,288.0"，自动创建一个关键帧。

这里只需要分形杂色的一部分，选择"cloud fog"图层，使用工具栏中的【椭圆工具】绘制一个蒙版，展开蒙版下面的【蒙版羽化】，设置参数值为"100"，效果如图9-41所示。

（3）在【时间轴】窗口中选择"cloud fog"图层，执行菜单栏中的【效果】→【模糊和锐化】→【CC Vector Blur】命令。

在【效果控件】窗口中，设置【Type】类型为"Direction Center"，【Amount】数量为"20.0"，提高模糊值，效果如图9-42所示。

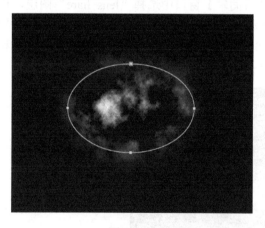
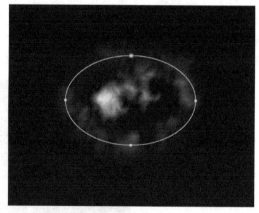

图 9-41
图 9-42

（4）在【时间轴】窗口中选择"cloud fog"图层，执行菜单栏中的【效果】→【模糊和锐化】→【快速方框模糊】命令，设置【模糊半径】为"5.0"，如图9-43所示。

（5）在【时间轴】窗口中选择"cloud fog"图层，执行菜单栏中的【效果】→【扭曲】→【湍流置换】命令，设置【数量】为"110.0"，【大小】为"110.0"，提高置换扭曲变形的程度，效果如图9-44所示。

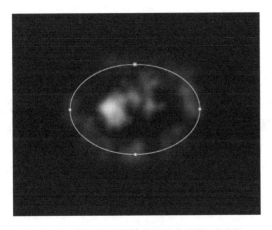
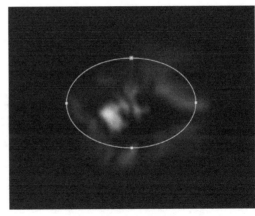

图 9-43 图 9-44

（6）在【时间轴】窗口中选择"cloud fog"图层，把它移到"lens flare"图层的下面，设置"cloud fog"图层的图层混合模式为"相加"，过滤掉黑色背景。

（7）在【时间轴】窗口中选择"cloud fog"图层，按【Ctrl+D】组合键复制一份，选择下面的"cloud fog"图层，在【效果控件】窗口中调整【湍流置换】效果的参数，设置【数量】为"70.0"，【大小】为"100.0"。

选择上面的"cloud fog"图层，在【效果控件】窗口中调整【快速方框模糊】效果的参数，设置【模糊半径】为"40.0"，增加模糊程度，效果如图 9-45 所示。

在【时间轴】窗口设置两个"cloud fog"图层的【不透明度】为"20%"，效果如图 9-46 所示。

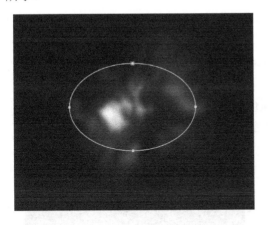
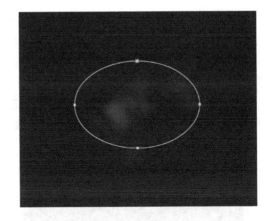

图 9-45 图 9-46

（8）执行菜单栏中的【图层】→【新建】→【调整图层】命令，新建一个调整图层，放置到合成的顶部。

选择该调整图层，执行菜单栏中的【效果】→【模糊和锐化】→【CC Vector Blur】命令。

对模糊数量制作关键帧，把当前时间设置为 0:00:00:00，在【效果控件】窗口中，单击【Amount】左侧的码表，设置参数值为"20.0"，创建关键帧；把当前时间设置为 0:00:02:00，设置【Amount】参数值为"0.0"，自动创建关键帧。

9.4.5 颜色调整

➡ **操作步骤**

（1）执行菜单栏中的【图层】→【新建】→【纯色】命令，新建一个纯色图层，设置颜色为蓝色，RGB 值为 "#5174F8"。使用工具栏中的【椭圆工具】在蓝色纯色图层上绘制一个圆形蒙版，展开蒙版下面的【蒙版羽化】，设置参数值为 "120.0"，效果如图 9-47 所示。

（2）在【时间轴】窗口中选择蓝色纯色图层，按【Ctrl+D】组合键复印一份。选择复制后的纯色图层，设置纯色图层的颜色为深红色，RGB 值为 "#AA3B1D"，把蒙版移到画面的左侧，效果如图 9-48 所示。

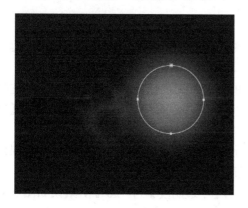
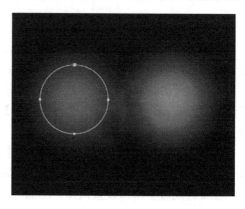

图 9-47   图 9-48

（3）制作深红色纯色图层自左向右移动并淡入淡出的效果。在【时间轴】窗口中暂时隐藏蓝色纯色图层，把当前时间设为 0:00:00:05，选择深红色纯色图层，展开它下面的参数，单击【位置】左侧的码表，创建关键帧，单击【不透明度】左侧的码表，设置参数值为 "0%"，效果如图 9-49 所示。

把当前时间设置为 0:00:01:20，把深红色纯色图层移动画面右边，为【位置】创建一个关键帧，设置【不透明度】为 "80%"，效果如图 9-50 所示。

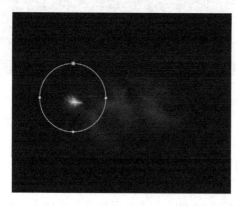
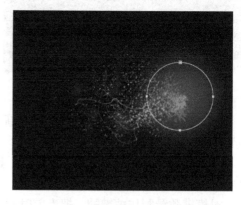

图 9-49   图 9-50

把当前时间设置为 0:00:03:20，设置【不透明度】值为 "0%"，创建一个关键帧；把当前时间设为 0:00:02:20，设置【不透明度】为 "80%"。

（4）制作蓝色纯色图层自左向右移动并淡入淡出的效果。显示蓝色纯色图层，把它放置到深红色纯色图层的上面。把当前时间设置为 0:00:00:00，单击【位置】左侧的码表，移动蓝色纯色图层到画面的左侧，创建关键帧。单击【不透明度】左侧的码表，设置参数值为"0%"，创建关键帧，效果如图 9-51 所示。

把当前时间设置为 0:00:00:05，移动蓝色纯色图层的位置，创建关键帧，设置【不透明度】为"75%"，创建关键帧，效果如图 9-52 所示。

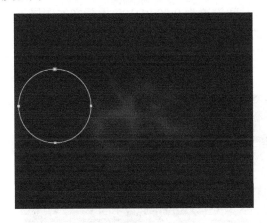
图 9-51

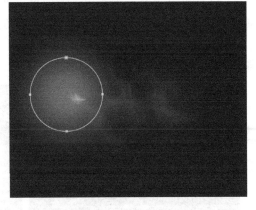
图 9-52

把当前时间设置为 0:00:02:20，移动蓝色纯色图层的位置，创建关键帧，设置【不透明度】为"0%"，创建关键帧，效果如图 9-53 所示。

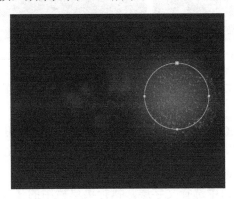
图 9-53

（5）在【时间轴】窗口中选择蓝色纯色图层，按【Ctrl+D】组合键复制一份，选择复制后的图层，按【U】键展开它下面添加了关键帧的所有属性，删除【位置】属性的后面两个关键帧。

9.4.6　制作定版文字

🔽 **操作步骤**

（1）在【时间轴】窗口中选择所有的图层，执行菜单栏中的【图层】→【预合成】命令，在弹出的对话框中设置新合成名为"particle comp"。

（2）执行菜单栏中的【图层】→【新建】→【文本】命令，创建一个文本图层，输入文字"粒子出字"。

在【时间轴】窗口中把文本图层移到合成的底部，设置"particle comp"图层的图层混合模式为"屏幕"。

（3）选择文本图层，使用工具栏中的【矩形工具】在文字上面绘制一个蒙版，如图 9-54 所示。

（4）制作文字从左向右出现的效果。把当前时间设置为 0:00:01:10，展开文本图层下面的"蒙版 1"的参数，单击【蒙版路径】左侧的码表，创建关键帧。

把当前时间设置为 0:00:00:10，调整【蒙版路径】右侧的两个节点到文字的左边，如图 9-55 所示。

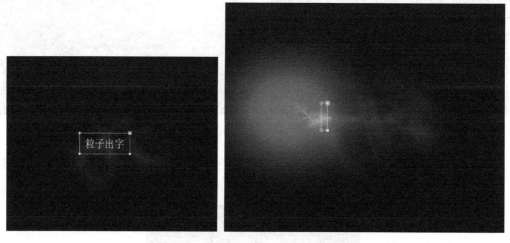

图 9-54　　　　　　　　　　　　　　　　图 9-55

（5）在【时间轴】窗口选择文本图层，执行菜单栏中的【效果】→【模糊和锐化】→【CC Vector Blur】命令。

把当前时间设置为 0:00:00:10，在【效果控件】窗口中单击【Amount】数量左侧的码表，设置参数值为"20.0"，创建关键帧。把当前时间设置为 0:00:01:10，设置【Amount】参数值为"0.0"，创建关键帧。

（6）在【时间轴】窗口中选择文字层，执行菜单栏中的【效果】→【扭曲】→【湍流置换】命令。

把当前时间设置为 0:00:00:10，在【效果控件】窗口中单击【数量】左侧的码表，设置参数值为"40.0"，创建关键帧。把当前时间设置为 0:00:01:10，设置【数量】参数值为"0.0"，创建关键帧。

第四篇
综合实例篇

第10章

综合实例

本章学习目标

◆ 掌握 360 度全景图合成的方法。

◆ 掌握抠像、跟踪、三维合成的方法。

10.1 综合实例：360° 全景合成

知识与技能

本例主要学习使用 VR 合成编辑器结合 Photoshop 进行 360 度全景图处理及后期合成的技术。

10.1.1 清理场景

操作步骤

（1）新建项目，把素材"lakemore_retreat_original.jpg"导入到【项目】窗口，把素材"lakemore_retreat_original.jpg"拖到【项目】窗口的【新建合成】按钮上，创建一个新的合成。

（2）在【时间轴】窗口中选中"lakemore_retreat_original.jpg"，执行菜单栏中的【窗口】→【VR Comp Editor.jsx】命令，该命令为脚本，需要在菜单栏的【编辑】→【首选项】→【脚本和表达式】中启用"允许脚本写入文件和访问网络"选项。

在【VR Comp Editor】（VR 合成编辑器）中单击【添加 2D 编辑】按钮，在弹出的对话框中设置【选择具有 360 素材合成】为"lakemore_retreat_original"，【复合宽度】为"2200"，如图 10-1 所示。（注：这里复合宽度应该翻译为合成宽度。）

单击【添加 2D 编辑】按钮后，会在【项目】窗口中生成"lakemore_retreat_original（VR2 输出）"和"lakemore_retreat_original（VR2 编辑 1）"两个合成。

（3）在【时间轴】窗口中打开"lakemore_retreat_original（VR2 编辑 1）"合成，使用工具栏中的【统一摄像机工具】，在【合成】窗口中把摄像机视角

图 10-1

切换到顶视图，可以看到拍摄时的三脚架等，这些物体需要清理掉，如图 10-2 所示。

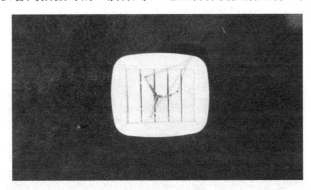

图 10-2

（4）在【时间轴】窗口中选择"lakemore_retreat_original (VR2 编辑 1)"合成，执行菜单栏中的【合成】→【帧另存为】→【文件】命令，在【渲染队列】窗口中单击【输出模块】右边的"Photoshop"文字，在弹出的【输出模块设置】对话框中勾选"调整大小"选项后确定。单击【渲染队列】窗口中的【输出到】右边的文字，在弹出的对话框中保存文件名为"lakemore_retreat_tripod_export.psd"，单击【渲染】按钮输出文件。

把当前的 After Effects 项目保存为"lakemore_retreat_modified.aep"。

（5）用 Photoshop 打开前面渲染输出的"lakemore_retreat_tripod_export.psd"，新建一个图层，在新建的空图层上使用工具栏中的【污点修复画笔工具】清除三脚架等多余的物体，要勾选属性栏中的"对所有图层采样"选项。清理过程中要随时调整画笔的大小，清理完成保存 PSD 文件，如图 10-3 所示。

图 10-3

（6）返回到 After Effects 中，把"lakemore_retreat_tripod_export.psd"导入到【项目】窗口，导入时选择"合并的图层"选项。

（7）把素材"lakemore_retreat_tripod_export.psd"从【项目】窗口拖到【时间轴】窗口的"lakemore_retreat_original (VR2 编辑 1)"合成中，把它放到合成的顶部，这样在【合成】窗口中可以看到三脚架等杂物已经被清理干净。

（8）在【时间轴】窗口中切换到"lakemore_retreat_original (VR2 输出)"合成，可以看到原来的三角架已经被清除，但是场景中还存在一些杂物需要清理。执行菜单栏中的【合成】→【帧另存为】→【文件】命令，在【渲染队列】窗口中单击【输出模块】右边的"Photoshop"文字，在弹出的【输出模块设置】对话框中勾选"调整大小"选项后确定。单击【渲染队列】窗口中的【输出到】右边的文字，在弹出的对话框中保存文件名为"lakemore_retreat_modified.psd"，单击【渲染】按钮输出文件，如图 10-4 所示。

图 10-4

（9）用 Photoshop 打开前面渲染输出的"lakemore_retreat_modified.psd"文件，新建一个图层，在新建的空图层上使用工具栏中的【污点修复画笔工具】清除地面杂物，要勾选属性栏中的"对所有图层采样"选项。清理过程中要随时调整画笔的大小，清理完成保存 PSD 文件，如图 10-5 所示。

图 10-5

（10）在 Photoshop 的【图层】面板中选中所有的图层，执行菜单栏中的【图层】→【智能对象】→【转换为智能对象】命令，把所有图层合并为一个智能对象。

（11）在 Photoshop 中执行菜单栏中的【滤镜】→【其他】→【位移】命令，【水平】方向输入"+1800"，即向右移动 1800 个像素，把楼房移动至画面的中间位置，如图 10-6 和图 10-7 所示。

图 10-6

图 10-7

10.1.2　后期合成

➡️ 操作步骤

（1）在 Photoshop 中，执行菜单栏中的【文件】→【置入链接的智能对象】命令，置入"sky.jpg"天空图。在【图层】面板中选中"sky"图层，执行菜单栏中的【滤镜】→【其他】→【位移】命令，【水平】方向输入"-1300"，即向左移动 1300 个像素。使用工具栏中的【移动工具】把"sky"图层移到上面，如图 10-8 所示。

（2）执行菜单栏中的【图像】→【调整】→【色相/饱和度】命令，调整亮度为"+32"，适当增加天空的亮度，如图 10-9 所示。

 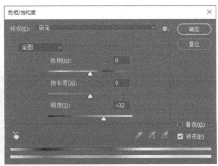

　　　　　图 10-8　　　　　　　　　　　　　　　　图 10-9

（3）在【图层】面板中，把"图层 1"复制一份，重命名为"图层 2"，把"图层 2"移到顶部，设置"图层 2"的混合模式为"正片叠底"，如图 10-10 所示。

图 10-10

（4）在【图层】面板中，选中"图层 2"，执行菜单栏中的【图层】→【创建剪贴蒙版】命令，使"图层 2"只在"sky"有效范围内显示，这样场景的草地部分不会因为使用正片叠底效果而变暗，如图 10-11 所示。

（5）在【图层】面板中选中"sky"图层，添加图层蒙版，确保前景色是黑色，背景色是白色；使用工具栏中的【线性渐变工具】，在图层蒙版中由下而上绘制渐变，这样"sky"图层的下面可以比较自然地与场景相融合，如图 10-12 所示。

（6）放大视图，仔细观察，在楼房的窗户部分还残留一些蓝天白天，使用工具栏中的画笔工具，在"sky"的图层蒙版中用黑色涂抹移除窗户上多余的蓝天白云效果。修复完成后保存文件。

图 10-11

图 10-12

（7）返回到 After Effects，新建项目，把素材"lakemore_retreat_modified.psd"导入到
【项目】窗口，导入时选择"合并的图层"选项。

把"lakemore_retreat_modified.psd"拖到【项目】窗口底部的【新建合成】按钮上，创
建一个新的合成。

（8）执行菜单栏中的【图层】→【新建】→【调整图层】命令，创建一个调整图层。
在【时间轴】窗口中选择调整图层，执行菜单栏中的【效果】→【CC Light Rays】命令。

在【效果控件】窗口中设置【Center】值为"2483.0,968.0"，使光线从楼房的右侧照射
过来；【Intensity】值为"165.0"，增加光线强度；【Radius】值为"23.0"，【Warp Softness】
值为"0.0"，【Shape】下拉列表选择"Square"方形，【Direction】为"28.0°"，如图 10-13
和图 10-14 所示。

图 10-13

图 10-14

（9）在【效果控件】窗口中把"CC Light Rays"复制一份，设置【Intensity】为"130.0"，【Center】为"2504.0,984.0"，【Radius】为"21.0"，不勾选"Color from Source"选项，使光线颜色不来自于原素材，设置【Color】为橙色，RGB 值为"190,85,0"，如图 10-15 和图 10-16 所示。

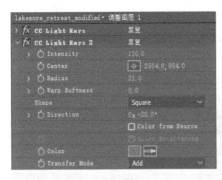

图 10-15　　　　　　　　　　　　　　　　图 10-16

（10）稍微处理一下天空中的橙色光线，在【时间轴】中选择调整图层，执行工具栏中的【矩形工具】绘制一个蒙版，设置【蒙版羽化】值为"0.0,250.0"，使蒙版在垂直方向产生羽化效果，蓝天白云中不会出现太多的橙色光线，如图 10-17 所示。

图 10-17

（11）在【时间轴】窗口中选择"lakemore_retreat_modified.psd"图层，执行菜单栏中的【效果】→【颜色校正】→【色相/饱和度】命令，设置【主饱和度】为"35"，提高场景的饱和度，使草地和树绿意盎然，更加充满生机，如图 10-18 所示。

图 10-18

（12）在【时间轴】窗口中选择"lakemore_retreat_modified.psd"图层，执行菜单栏中的【效果】→【颜色校正】→【颜色平衡】命令，勾选"保持发光度"选项，这样在调整的过程中，不会改变画面的亮度；设置【阴影红色平衡】值为"11.0"，为阴影部分添加一些红色；设置【高光红色平衡】值为"5.0"，为高光部分添加一些红色，如图 10-19 和图 10-20 所示。

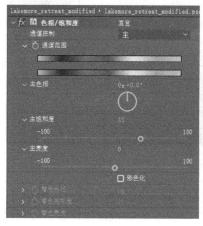 

图 10-19 　　　　　　　　　　　　　　　　　图 10-20

（13）把"logo.png"导入到【项目】窗口。执行菜单栏中的【窗口】→【VR Comp Editor.jsx】命令，在【VR Comp Editor】中单击【添加 2D 编辑】按钮，在弹出的对话框中设置【选择具有 360 素材合成】为"lakemore_retreat_modified"，【复合宽度】为"2000"。单击【添加 2D 编辑】按钮后，会在【项目】窗口中生成"lakemore_retreat_ modified (VR2 输出)"和"lakemore_retreat_ modified (VR2 编辑 1)"两个合成。

（14）在【时间轴】窗口中打开"lakemore_retreat_ modified (VR2 编辑 1)"合成，使用工具栏中的【统一摄像机工具】把视角切换到顶视图角度，把"logo.pnd"从【项目】窗口拖到合成中，如图 10-21 所示。

图 10-21

（15）在【时间轴】窗口中切换到"lakemore_retreat_ modified（VR2 输出)"合成，执行菜单栏中的【合成】→【帧另存为】→【文件】命令，在【渲染队列】窗口中单击【输出模块】右边的"Photoshop"文字，在弹出的【输出模块设置】对话框中选择【格式】为

"JPEG 序列"，勾选"调整大小"选项后确定。单击【渲染队列】窗口中的【输出到】右边的文字，在弹出的对话框中保存文件名为"lakemore_retreat.jpg"，单击【渲染】按钮输出文件，如图 10-22 所示。

图 10-22

10.1.3　VR 体验

；前面输出的全景图如果采用传统方式是不能体验到虚拟现实效果的，需要有一定的软硬件基础。如果有 VR 设备，如 Gear VR 等，可以通过手机 APP 导入全景图，把手机安装到 Gear VR 上观看，这是一种最真实的体验方式。如果没有 VR 设备，可以使用支持 3D 的 Photoshop 版本，执行菜单栏中的【3D】→【球面全景】→【导入全景图】命令，把全景图导入到 Photoshop 中，切换到 3D 方式也可以进行体验。

10.2　综合实例：真人拍摄与 CG 合成

知识与技能

本例主要学习使用键控抠像、Boujou 进行摄像机跟踪解算，以及把拍摄素材与三维场景进行合成的技术。

由于拍摄素材时摄像机有摇移操作，那么把拍摄素材与三维场景进行合成的时候，三维场景也应该有相应的跟随摄像机摇移而产生的角度的变化。这里就有一个问题需要解决：如何对二维的拍摄素材进行反求，从而得到三维环境下的摄像机动画。解决这一问题的一个关键环节是摄像机反求。

所谓摄像机反求，就是对实拍素材进行分析计算，得到一个虚拟的可以在三维软件或合成软件中使用的摄像机，这样就保证了计算机制作的摄像机动画和实拍的摄像机动画保持一致。常见的摄像机反求软件有 Boujou、PFTrack、Syntheyes 等。本例用 Boujou 实现摄像机反求。Boujou 是专业的摄像机追踪软件，提供了一套标准的摄像机路径追踪的解决方案。Boujou 首创的最先进的自动化追踪功能，被广泛地运用在电影、电视节目、商业广告等领域。全新的 Boujou 提供更多新功能，不仅大幅提升了场景分析与追踪能力，而且在操作上更加快速、精准，并提供多种模式的追踪功能。与其他同等级的摄像机追踪软件不同的是，Boujou 是以自动追踪功能为基础的，其独家的追踪引擎可以依照个人想要追踪的重点进行编辑设计，通过简单易用的辅助工具，可以利用任何种类的素材，快速且自动化地完成追踪。

10.2.1 素材预处理

操作步骤

（1）新建项目，将素材"Proxy.jpg"序列导入到【项目】窗口中。重新解释导入的素材"Proxy.jpg"序列的帧速率。在【项目】窗口中选中"Proxy.jpg"序列，执行菜单栏中的【文件】→【解释素材】→【主要】命令，在弹出对话框中设置帧速率为"24"帧/秒。

（2）本例的画面大小与"Proxy.jpg"序列相同，可以以"Proxy.jpg"的参数创建新合成，将"Proxy.jpg"拖到【项目】窗口底部的【新建合成】按钮上，创建一个新的合成。

（3）本例素材使用绿屏拍摄，但是背景不够干净，有顶部的灯、工作人员、地面的杂物及绿屏上用于定位的点等，都会影响到抠像效果。因此在进行绿屏抠像之前，先用蒙版对人物进行一个初步的抠像，得到一个相对干净的背景。

在【时间轴】窗口中选择"Proxy.jpg"图层，使用工具栏中的【钢笔工具】在人物周围绘制蒙版，注意绘制蒙版时顶点不要太多，否则会给后续调整蒙版带来不必要的麻烦。在【合成】窗口中切换透明网格，绘制的蒙版如图 10-23 所示。

（4）单击【预览】窗口中的【播放】按钮，会发现有些帧所抠人物不在蒙版范围内，需要对【蒙版路径】设置关键帧，保证整个时间段人物始终在蒙版范围内。在 0:00:00:00 处单击【蒙版路径】左侧的码表，创建一个关键帧。把当前时间适当移动几帧，找到人物不完全在蒙版范围的画面，如图 10-24 所示。

使用工具栏中的【选取工具】，移动蒙版上的顶点，调整蒙版后如图 10-25 所示。

图 10-23　　　　　　　　　图 10-24　　　　　　　　　图 10-25

重复该步操作，在不同的时间点添加适量的关键帧，保证人物始终在蒙版范围内。

10.2.2 绿屏抠像

操作步骤

（1）在【时间轴】窗口中选择"Proxy.jpg"图层，执行菜单栏中的【效果】→【Keying】→【Keylight】命令。

（2）在【效果控件】窗口中，使用【Keylight】下面的【Screen Colour】参数后面的吸管，在【合成】窗口中的绿色背景上单击一下，我们可以看到绿色背景部分变得透明了，但是还需要调整，如图 10-26 所示。

（3）在【效果控件】窗口中，单击【View】查看模式改为"Screen Matte"，这时在【合成】窗口中显示的内容为它的蒙版，我们看到人物部分和背景部分还有一些灰色区域，这是不正确的，人物部分应该是白色，需要保留下来的；而背景部分应该是黑色，需要抠掉的，如图 10-27 所示。

（4）在【效果控件】窗口中，设置【Screen Matte】下面的【Clip Black】值为"32.0"，使低于 32.0 亮度的像素都是纯黑色；【Clip White】值为"70.0"，使高于 70.0 亮度的像素都是纯白色；【Screen Softness】值为 0.2，使人物抠像后边缘产生一些柔化效果。这三个参数值需要根据实际情况设置，如图 10-28 所示。

图 10-26　　　　　　　　　图 10-27　　　　　　　　　图 10-28

重新设置【View】查看模式为"Final Result"，显示最终效果如图 10-29 所示。

图 10-29

10.2.3　细节处理

操作步骤

经过蒙版及 Keylight 抠像后，画面中大部分多余的元素已经清理干净，但是部分画面还存在一些多余元素，比如绿屏上的黄色定位点及地面上的杂物，需要做进一步的处理。这里可以使用工具栏中的【橡皮擦工具】进行清除工作。

（1）双击【时间轴】窗口中的"Proxy.jpg"图层，把它在【图层】窗口中打开，在工具栏中选择【橡皮擦工具】，在【绘画】窗口中设置【持续时间】为"单帧"，使用橡皮擦工具进行单帧擦除。

（2）对素材进行逐帧检查，凡是有多余的部分都需要仔细擦除，如图 10-30 所示。处理完成后的效果如图 10-31 所示。这一步骤需要读者更多的耐心。

图 10-30

（3）导出抠像后的图像序列文件。选择合成，执行菜单栏中的【合成】→【添加到渲染队列】命令，在【渲染队列】窗口中，单击【输出模块】按钮，打开【输出模块设置】对话框，在【格式】下拉列表中选择"PNG 序列"选项，在【通道】下拉列表中选择"RGB+Alpha"选项，如图 10-32 所示，这样输出的文件会包含透明信息。

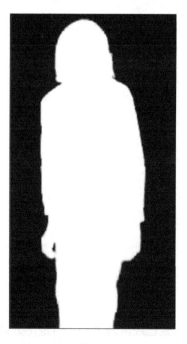

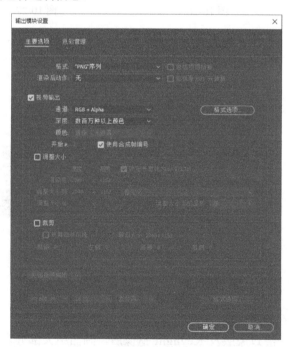

图 10-31　　　　　　　　　　　　　图 10-32

在【渲染队列】窗口中，单击【输出到】按钮，在弹出的【将影片输出到】对话框中，输入文件名为"Keying.[#####].png"（注意，文件名中不要使用下画线）。

10.2.4　Boujou 跟踪

➡ **操作步骤**

这里使用 Boujou 软件跟踪拍摄的视频中的摄像机运动轨迹，便于后面与三维场景进行合成。

（1）单击左侧工具栏中的【Import Sequence】（导入序列）按钮，在弹出的对话框中选中"Proxy.0001.jpg"，单击【Open】按钮，打开如图 10-33 所示对话框。

图 10-33

对话框中的参数说明如下。

- Name：序列名字，这里采用默认值。
- Camera："New Camera"，为导入的序列新建一个摄像机。
- File：导入的素材文件名。
- Move Type：摄像机的运动方式，这里为"Free Move"。
- Interlace：场的方式，这里使用默认值"Not Interlaced"。
- "Not Interlaced"为没有场；
    - ✓ "Use lower fields only"为只使用下场；
    - ✓ "Use upper fields only"：只使用上场；
    - ✓ "Use fields,lower field first"为下场优先；

✓ "Use fields,upper field first" 为上场优先；

• Frame rate：帧速率，这里使用默认值 "24"。

（2）在做摄像机跟踪之前，需要先对场景中运动的物体绘制【Mask】蒙版进行屏蔽，否则会影响跟踪效果。

单击左侧工具栏中的【Add Poly Masks】（添加多边形蒙版）按钮，在第 1 帧画面中工作人员的外部绘制 "Mask1"，如图 10-34 所示。注意，绘制蒙版的时候顶点尽量少一些，否则顶点太多会给调整蒙版带来不必要的麻烦。

图 10-34

绘制完成后会自动在【Timeline】时间轴窗口 "Mask1" 的第 1 帧处添加一个关键帧，显示为绿色菱形。

（3）设置当前帧为第 10 帧，调整 "Mask1"，使之完全遮挡住工作人员，如图 10-35 所示。

图 10-35

绘制完成后会自动在【Timeline】时间轴窗口 "Mask1" 的第 10 帧处添加一个关键帧，显示为绿色菱形。

（4）设置当前帧为第 25 帧，工作人员已经完全移出视野范围，调整 "Mask1"，使之完全移出画面，如图 10-36 所示。

图 10-36

绘制完成后会自动在【Timeline】时间轴窗口"Mask1"的第 25 帧处添加一个关键帧，显示为绿色菱形。

（5）检查第 1～25 帧，确保工作人员始终在"Mask1"内部，否则在出现问题的帧处，调整"Mask1"范围。

（6）再次单击左侧工具栏中的【Add Poly Masks】按钮，在第 1 帧处为男孩添加"Mask2"，如图 10-37 所示。

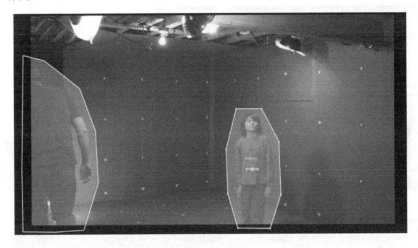

图 10-37

绘制完成后会自动在【Timeline】时间轴窗口"Mask2"的第 1 帧处添加一个关键帧，显示为绿色菱形。

（7）往前拖动一些帧，继续调整"Mask2"，重复该步骤，直到男孩自始至终在"Mask2"内为止。

（8）完成对场景中的运动物体添加蒙版操作后，下面开始跟踪黄色的定位点。设置当前帧为第 1 帧，单击左侧工具栏中的【Add Target Tracks】（添加目标跟踪）按钮，在如图 10-38 所示位置添加一个目标跟踪点"Target Track1"，在【Timeline】时间轴窗口中"Target Track1"的第 1 帧处会自动添加一个关键帧。

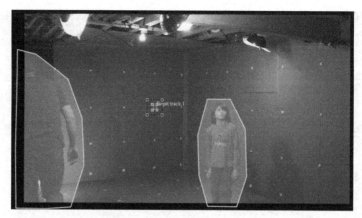

图 10-38

（9）在【Timeline】时间轴窗口中拖到当前帧指示器，找到跟踪的黄色定位点消失前的几帧，在第 128 帧处，在对所跟踪的黄色定位点上单击，调整 "Target Track1" 的位置，如图 10-39 所示。

（10）设置当前帧为第 1 帧，单击【Target Track】（目标跟踪）窗口中的【Track Forward】（向前跟踪）按钮，如图 10-40 所示，就会在第 1 帧和第 128 帧之间进行分析计算，自动跟踪。跟踪结果如图 10-41 所示。图 10-41 中绿色表示跟踪正确，黄色表示稍有偏差；如果是红色，则表示跟踪不正确，需要对红色部分删除后进行调整，再重新进行跟踪。

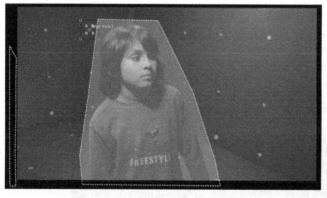

图 10-39

图 10-40

图 10-41

（11）再次单击左侧工具栏中的【Add Target Tracks】按钮添加目标跟踪点，重复步骤（8）～（10），直到添加了足够多的目标跟踪点，如图 10-42 和图 10-43 所示。

（12）单击左侧工具栏中的【Camera Solve】（解算摄像机）按钮，开始计算求解摄像机，解析得到的摄像机在【Timeline】时间轴窗口中【Solves】下面。如果解析得到多个摄像机，说明添加的目标跟踪点数量还不够，删除【Solves】下面所有的 "Camera Solve"，添加目标跟踪点后再次执行解析摄像机操作，直到【Solves】下面只有一个 "Camera Solve"，如图 10-44 所示。

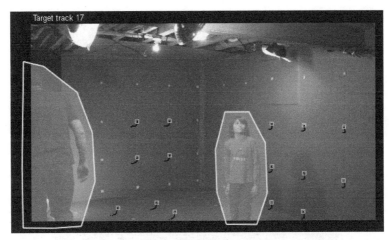

图 10-42

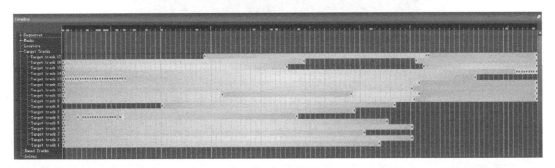

图 10-43

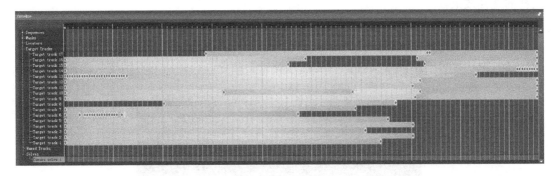

图 10-44

（13）导出跟踪数据。在【Timeline】时间轴窗口中，选择【Solves】下面的"Camera Solve 1"，单击左侧工具栏中的【Export Camera】（导出摄像机）按钮，在弹出的对话框中，选择【Export Type】导出类型为"Maya 4+ (*.ma)"，在【Filename】文件名中输入"D://Red_plate.ma"，单击【Save】按钮保存，可以把跟踪数据导出到 Maya 中使用，如图 10-45 所示。

如果想把跟踪数据导出到 3ds Max 中使用，只需在【Export Type】导出类型中选择"3D Studio Max (*.ms)"后，保存即可。

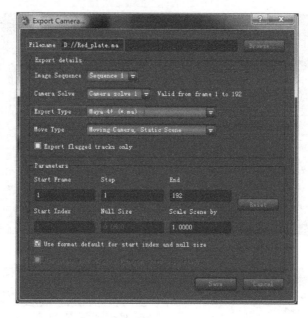

图 10-45

10.2.5　三维场景合成

⊙ **操作步骤**

下面把在 Boujou 中跟踪得到的摄像机导入到三维场景中，使三维场景与拍摄的视频有同样的透视效果。

（1）运行 Maya，执行菜单栏中的【文件】→【设置项目】命令，在弹出的对话框中设置三维场景所在的文件夹。

（2）执行菜单栏中的【文件】→【打开场景】命令，在弹出的对话框中选择并打开三维场景"Scene_Start.mb"文件，如图 10-46 所示。

图 10-46

（3）执行菜单栏中的【文件】→【导入】命令，导入前面在 Boujou 中导出的"Red_plate.ma"文件。

这时摄像机的背景还是带有绿屏背景的原始素材，需要替换为在 After Effect 中抠像后的素材。在【大纲视图】中选择"Red_plate:boujou_data"组下面的摄像机，在【属性编辑

器】中打开摄像机的 ImagePlane，【图像名称】处替换为抠像后的第 1 个文件，勾选下面的
【使用图像序列】选项，如图 10-47 所示。

（4）执行菜单栏中的【窗口】→【设置/首选项】→【首选项】命令，在弹出的对话框
中选择【时间滑块】选项，设置【播放速度】为"24 fps x 1"，如图 10-48 所示。

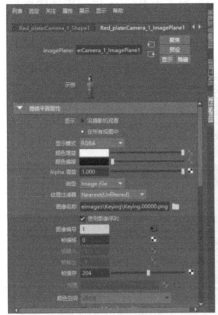

图 10-47

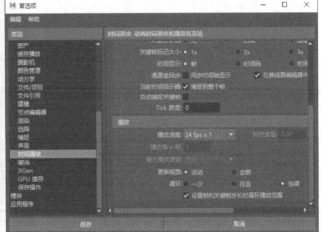

图 10-48

（5）在【大纲视图】中选择整个"Red_plate:boujou_data"组，调整它的位置及方向，
效果如图 10-49 所示。

图 10-49

（6）下面对场景进行分层渲染。渲染时不需要渲染男孩，在【大纲视图】中选择 Boujou

生成的摄像机，在【属性编辑器】中选择摄像机的 ImagePlane，设置【显示模式】为"None"，使摄像机背景不会被渲染，如图 10-50 所示。

执行菜单栏中的【窗口】→【渲染编辑器】→【渲染设置】命令，打开【渲染设置】对话框，设置【文件名前缀】为"Diffuse"，【图像格式】为"Maya IFF(iff)"，【帧填充】为"3"，【开始帧】为"1"，【结束帧】为"192"，【可渲染摄影机】为 Boujou 中导出的摄像机，【图像大小】的【预设】为"HD 720"，如图 10-51 所示。

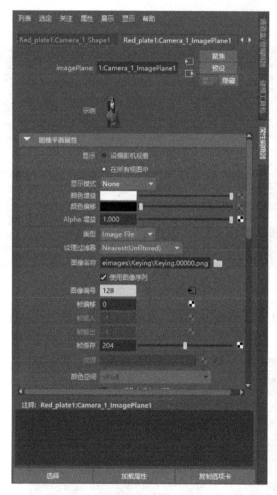
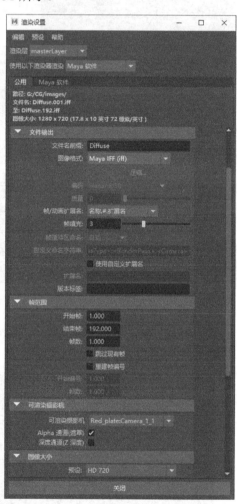

图 10-50　　　　　　　　　　　　　图 10-51

执行【渲染】→【批渲染】命令，渲染动画序列。

（7）设置亮度深度渲染层。执行菜单栏中的【窗口】→【渲染编辑器】→【渲染设定】命令，在【渲染设定】窗口单击【创建渲染层】按钮创建一个新的渲染层，重命名为"Z_Depth"，如图 10-52 所示。

在"Z_Depth"图层上单击鼠标右键创建集合，在【大纲视图】中选择"Warehouse"组和"areaLight1"后，单击【添加】按钮将它们添加到集合中。

打开【渲染设置】对话框，在【渲染层】下拉列表选择"Z_Depth"，【使用以下渲染器渲染】设置为"Maya 软件"，在【使用以下渲染器渲染】文字上面单击鼠标右键，在弹出的快捷菜单中选择【为可见层创建绝对覆盖】命令,【文件名前缀】设置为"ZDepth",其他参数采用前面的设置,如图 10-53 所示。

在【渲染设定】窗口中选择"Z_Depth"层,在【属性编辑器】找到对应的"rs_Z_Depth"页,单击【预设】按钮,在弹出的菜单项中选择【亮度深度】选项,如图 10-54 所示。

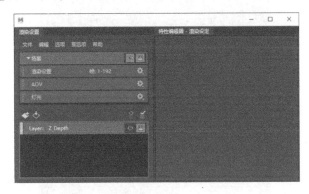

图 10-52

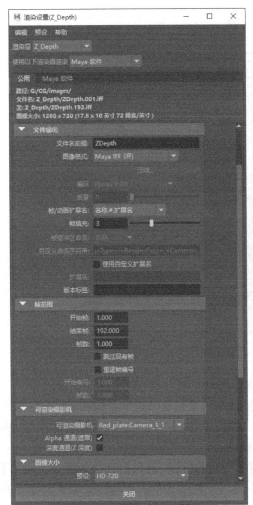

图 10-53

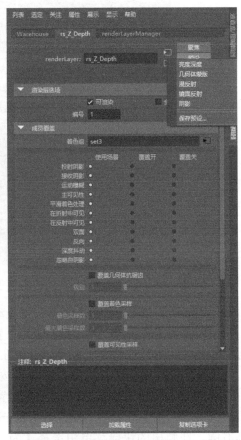

图 10-54

在【属性编辑器】中选择"setRange"页，在【设置范围属性】中设置【最小值】为"0"，【最大值】为"1"，在【旧最大值】上单击鼠标右键，在弹出的快捷菜单中执行【断开连接】命令，设置【旧最大值】为"800"，如图 10-55 和图 10-56 所示。

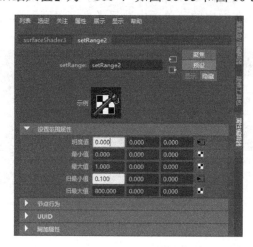

图 10-55

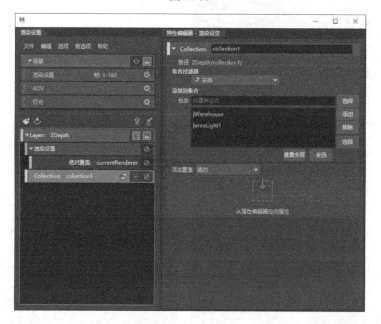

图 10-56

执行【渲染】→【批渲染】命令，渲染动画序列。

（8）设置遮挡渲染层。在【渲染设定】窗口单击【创建渲染层】按钮创建一个新的渲染层，重命名为"Occlusion"。在"Occlusion"图层上单击鼠标右键创建集合，在【大纲视图】中选择"Warehouse"组，按【添加】按钮将其添加到集合中。

选择"Occlusion"图层，打开【渲染设置】对话框，【渲染层】选择"Occlusion"，【使用以下渲染器渲染】设置为"Arnold Renderer"，在【使用以下渲染器渲染】文字上单击鼠标右键，在弹出的快捷菜单中选择【为可见层创建绝对覆盖】命令，【文件名前缀】

设置为"Occlusion",其他参数采用前面的设置,如图 10-57 所示。

打开【Hypershade】窗口,新建一个"aiAmbientOcclusion"材质球,把它赋给"Warehouse"组,在【属性编辑器】中设置【Samples】为"16",【Far Clip】为"3",如图 10-58 所示。

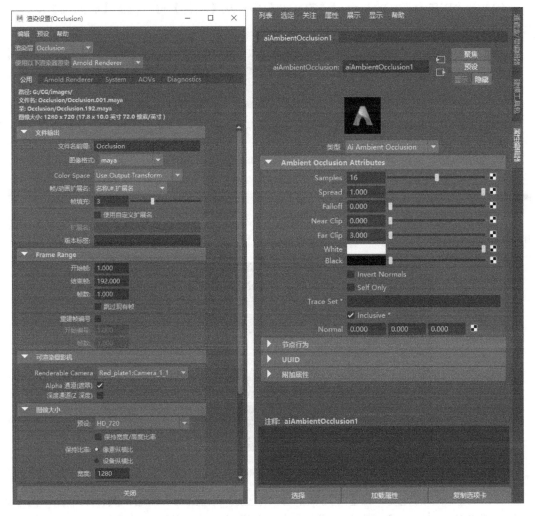

图 10-57   图 10-58

（9）完成分层渲染设置后,切换到【渲染】模块,执行菜单栏中的【渲染】→【批渲染】命令进行批处理渲染。渲染完成后的图像文件保存在 Maya 工程下面的 Images 文件夹中。

10.2.6   后期合成

➡ 操作步骤

（1）在 After Effects 中打开前面保存的抠像工程。在【项目】窗口空白处双击鼠标,在弹出的对话框中选择"Diffuse"图像序列文件的第 1 个文件,勾选【IFF 序列】选项,导入序列文件。

在【项目】窗口中选择素材"Diffuse.iff"序列,执行菜单栏中的【文件】→【解释素材】→【主要】命令重新解释素材，在弹出的对话框中，设置帧速率为"24"帧/秒，保证与原来的合成帧速率相同。

重复上面的操作，导入"Occlusion"序列和"ZDepth"序列并重新设置帧速率。

（2）把"Diffuse""Occlusion""ZDepth"序列从【项目】窗口拖到【时间轴】窗口中，图层顺序如图 10-59 所示。

图 10-59

在【时间轴】窗口中选择"Diffuse""Occlusion""ZDepth" 3 个图层，按【S】键展开它们下面的【缩放】属性，设置值为"160%"，使"Diffuse""Occlusion""ZDepth" 3 个图层与拍摄素材画面相同大小。

设置"Occlusion"图层的图层混合模式为"相乘"，为场景添加由于遮挡产生的阴影效果，效果如图 10-60 所示。

图 10-60

（3）调整场景的亮度。在【时间轴】窗口中选择"Diffuse"图层，执行菜单栏中的【效果】→【颜色校正】→【阴影/高光】"命令，采用默认设置即可，效果如图 10-61 所示。

图 10-61

（4）在【时间轴】窗口中选择"Diffuse"图层，按【Ctrl+D】组合键复制一份，并重命名为"Bloom"，把它移到"Occlusion"图层的上面，执行菜单栏中的【效果】→【颜色校正】→【亮度和对比度】命令，设置【亮度】值为"-50"，【对比度】为"40"，效果如图 10-62 所示。

图 10-62

（5）在【时间轴】窗口中选择"Bloom"图层，执行菜单栏中的【效果】→【模糊和锐化】→【高斯模糊】命令，设置【模糊度】值为"1.5"，添加一些模糊效果，如图 10-63 所示。

图 10-63

在【时间轴】窗口中设置"Bloom"图层的图层混合模式为"屏幕"，设置图层的【不透明度】为"60%"，稍微降低图层的不透明度。

（6）下面对人物进行调整，使他与周围的环境相协调。在【时间轴】窗口中选择"Proxy"图层，执行菜单栏中的【图层】→【预合成】命令，在弹出的对话框中输入【新合成名称】为"Proxy Comp"，选择【将所有属性移动到新合成】选项。

（7）在【时间轴】窗口中选择"Proxy Comp"图层，执行菜单栏中的【效果】→【RG Magic Bullet】→【Looks】命令，在【效果控件】窗口中单击【Edit】按钮，打开工作界面。

在隐藏的【TOOLS】面板的【Subject】页中，把【Colorista】拖到下面的【Subject】中，把【Midtones】中间调色环中的圆点推向蓝色，为人物增加一些蓝色效果，设置【Saturation】（饱和度）为"90"，如图 10-64 所示。

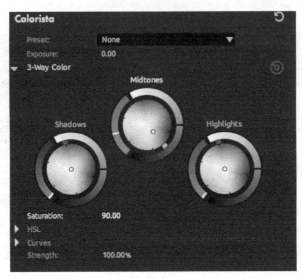

图 10-64

（8）执行菜单栏中的【效果】→【颜色校正】→【亮度和对比度】命令，设置【亮度】为"-10"，降低人物的亮度，设置【对比度】为"10"，如图 10-65 所示。

图 10-65

（9）制作运动模糊效果。当摄像机靠近人物时，有一个快速摇镜头的动作，可以看到人物有明显的运动模糊效果，周围场景也应该有运动模糊效果。

在【时间轴】窗口中选择"Diffuse"图层，执行菜单栏中的【效果】→【模糊和锐化】→【定向模糊】命令，模糊效果主要是在视频的后面部分。在【效果控件】窗口中设置【方向】为"79.0"，把当前时间设置为 0:00:05:17，单击【模糊长度】左侧的码表，创建关键帧，设置值为"0.0"；把当前时间设置为 0:00:05:22，设置【模糊长度】值为"16"，创建关键帧；把当前时间设置为 0:00:07:04，设置 Blur Length 值为"16.0"，创建关键帧；把当前时间设置为 0:00:07:10，设置【模糊长度】值为"0.0"，创建关键帧。

复制"Diffuse"图层上的【定向模糊】，粘贴到"Occlusion"和"Bloom"图层上，效果如图 10-66 所示。

图 10-66

（10）制作景深效果。在【时间轴】窗口中选择"ZDepth"图层，按【Ctrl+D】组合键复制一份，把上面的图层重命名为"ZDepth Invert"。执行菜单栏中的【效果】→【声道】→【反向】命令，把亮度深度反向，使"ZDepth Invert"图层单独显示，如图 10-67 所示。

图 10-67

选择"ZDepth Invert"图层，执行菜单栏中的【效果】→【颜色校正】→【亮度和对比度】命令，设置【亮度】为"-60"，【对比度】为"30"，如图 10-68 所示。

图 10-68

展开"ZDepth Invert"图层，把当前时间设置为 00:00:06:120，单击【不透明度】左侧的码表，创建关键帧，设置值为"0%"；把当前时间设置为 0:00:07:01，设置参数值为"100%"，创建关键帧。

设置"ZDepth Invert"图层的图层混合模式为"相减"。

（11）在【时间轴】窗口中选择"ZDepth Invert"和"ZDepth"图层，执行菜单栏中的【图层】→【预合成】命令，在弹出的对话框中输入新合成名为"ZDepth Comp"，选择【将所有属性移动到新合成】选项。

（12）在【时间轴】窗口中选择"Diffuse"图层，执行菜单栏中的【效果】→【模糊和锐化】→【复合模糊】命令，设置【模糊图层】为"ZDepth comp"图层。

复制"Diffuse"图层上的【复合模糊】，粘贴到"Occlusion"和"Bloom"图层上，效果如图 10-69 所示。

图 10-69

参 考 文 献

[1] 唯美世界. After Effects CC 从入门到精通. 北京：中国水利水电出版社，2019 年 4 月.

[2] 布里·根希尔德著，武传海译. Adobe After Effects CC 2019 经典教程. 北京：人民邮电出版社，2019 年 12 月.

[3] 李涛. Adobe After Effects CC 高手之路. 北京：人民邮电出版社，2017 年 6 月.

[4] 梦尧. After Effects 高效学习指南：自学影视后期制作. 北京：电子工业出版社，2019 年 5 月.

[5] 王红卫. 中文版 After Effects CC 2018 动漫、影视特效后期合成秘技. 北京：清华大学出版社，2019 年 6 月.

[6] 孙芳. 中文版 After Effects 影视后期特效设计与制作全视频实战 228 例. 北京：清华大学出版社，2019 年 1 月.

[7] 陈奕，陈珊. After Effects CC 数字影视合成案例教程. 北京：人民邮电出版社，2020 年 7 月.

[8] 伍福军，张巧玲. After Effects CC 2019 影视后期特效合成案例教程，2020 年 4 月.

[9] www.hxsd.com

[10] www.redgiant.com

[11] www.videocopilot.net

[12] ae.tutsplus.com

[13] mamoworld.com

[14] www.digitaltutors.com

[15] eat3d.com